Werkstattbücher

Für Betriebsfachleute
Konstrukteure und Studenten

Herausgeber:
H. Determann W. Malmberg H. Rattay

125

H.-W. Zimmer

Verzahnungen I

Stirnräder mit
geraden und schrägen Zähnen

6. völlig neugestaltete Auflage
eines Teiles des früher von Dipl.-Ing. H. Trier
unter dem Titel „Die Zahnformen der Zahnräder"
bearbeiteten Heftes 47 der Werkstattbücher

Springer-Verlag Berlin Heidelberg GmbH 1968

Herausgeber-Kollegium der Werkstattbücher

Dr.-Ing. HERMANN DETERMANN, Schulbehörde Hamburg

Dipl.-Ing. WERNER MALMBERG, Ingenieurschule Hamburg

Prof. Dipl.-Ing. Dr. HELMUT RATTAY, Hamburg

Verfasser dieses Heftes

Dr.-Ing. HANS-WERNER ZIMMER, Ingenieurschule Hamburg

Inhaltsverzeichnis

Titel-Nr. 7106

ISBN 978-3-540-04385-0   ISBN 978-3-642-88643-0 (eBook)

DOI 10.1007/978-3-642-88643-0

Vorwort

Die ersten 5 Auflagen dieses Werkstattbuches[1] sind von Dipl.-Ing. Hermann Trier bearbeitet worden. Ihm gebühren Dank und Anerkennung für die vorbildliche, mit jeder Auflage verbesserte Gestaltung des Buches. Nachdem er nun aus Altersgründen von der weiteren Mitarbeit zurückgetreten ist, wurde die vorliegende 6. Auflage vom neuen Verfasser der unaufhaltsamen technischen Entwicklung angepaßt und umgearbeitet. Der Ausbau der Normen einschließlich der Belange der Feinwerktechnik, sowie die Einführung der Verzahnungspassungen erforderten wesentliche Änderungen und Erweiterungen. Um dafür Platz zu gewinnen und außerdem die Ausführungen durch genügend Berechnungsbeispiele erläutern zu können, wurden die Kapitel der früheren Auflagen „Kegelräder" und „Schraubräder" (mit Schnecken) herausgenommen. Diese beiden Getriebearten sollen in einem besonderen Werkstattbuch behandelt werden. Die Zykloiden- und Triebstockverzahnungen wurden ihrer heutigen Bedeutung entsprechend stark gekürzt.

Die Beispiele sind den verschiedensten Problemstellungen des Maschinenbaus entnommen und berühren die wichtigsten Begriffe der Verzahnungsgeometrie. Das letzte Beispiel soll den Einsatz und die Leistungsfähigkeit eines Elektronenrechners bei der Entwurfsarbeit veranschaulichen. Eine Tabelle der Evolventenfunktion und ein Sachverzeichnis am Schluß des Heftes ermöglichen seine Verwendung als Nachschlagewerk bei Übungen. Für den an einer Vertiefung interessierten Leser befindet sich ebenfalls am Schluß eine Zusammenstellung der weiterführenden Literatur in Form von Büchern und DIN-Normen.

I. Grundbegriffe

1. Einteilung. Zahnradgetriebe entstehen durch Paarung von zwei oder mehreren Zahnrädern. Sie dienen der formschlüssigen Übertragung von Bewegungen und Drehmomenten, wobei meist gefordert wird, daß die Bewegungsübertragung gleichförmig ist. Das bedeutet, daß bei konstanter Winkelgeschwindigkeit des treibenden Rades die des getriebenen ebenfalls konstant ist.

Getriebe mit periodisch schwankender Übersetzung sollen hier nicht behandelt werden.

Bei Stirnrädern mit gleichförmiger Übersetzung sind die die Verzahnung tragenden Grundkörper stets Kreiszylinder. Je

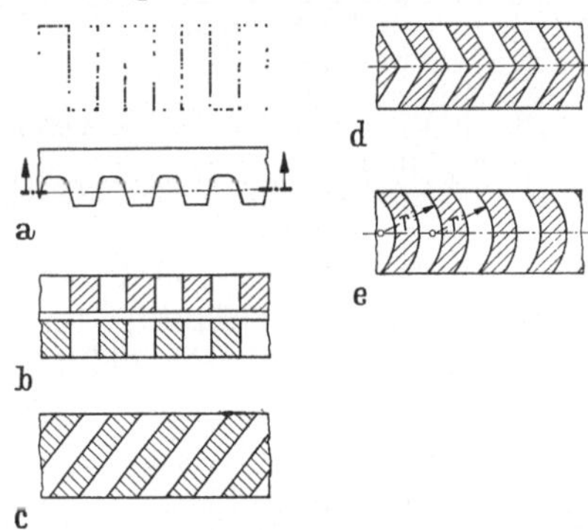

Bild 1 a.—e. Verlauf der Flankenlinien bei der Planverzahnung, d. h. einem Stirnrad mit unendlich großem Durchmesser (Zahnstange).

a) Geradzähne; b) Stufenzähne; c) Schrägzähne (hier rechtssteigend); d) Pfeilzähne; e) Kreisbogenzähne.

---

[1] Die von H. Trier (geb. 13. 8. 1880) bearbeiteten Auflagen sind in den Jahren 1939, 1942, 1949, 1954 und 1958 erschienen.

nach dem Verlauf der *Flankenlinie* (s. Bild 14) unterscheidet man Stirnräder (s. Bild 1a—e) mit

> Geradzähnen (Flankenlinien parallel zur Radachse),
> Schrägzähnen (Flankenlinien sind Teile von Schraubenlinien),
> Pfeilzähnen und
> Kurvenzähnen.

2. Zeichen und Benennungen[1] (s. auch DIN 3960: Bestimmungsgrößen und Fehler an Stirnrädern).

a Achsabstand
b Zahnbreite
d Durchmesser
ev Evolventenfunktion
g Eingriffsstrecke
h_z Zahnhöhe
i Übersetzung
k Faktor der Kopfkürzung
l Lückenweite
m Modul
r Radius
s Zahndicke
t Teilung
u Zähnezahlverhältnis
x Profilverschiebungsfaktor
y Zahnhöhenfaktor
z Zähnezahl
z_g; z_{gs} theoretische Grenzzähnezahl
z'_g, z'_{gs} praktische Grenzzähnezahl

A Anfangspunkt des Eingriffs = Fußeingriffspunkt des treibenden Rades
A_a Achsabstandsabmaß
A_M Abmaß des Prüfmaßes M
A_s Zahndickenabmaß
A_W Zahnweitenabmaß
B innerer Einzeleingriffspunkt am treibenden Rad
C Wälzpunkt

D äußerer Einzeleingriffspunkt am treibenden Rad
E Endpunkt des Eingriffs = Kopfeingriffspunkt des treibenden Rades
M Prüfmaß der Zahndicke (Kugel- oder Rollenmessung)
S_d Verdrehflankenspiel
S_c Eingriffsflankenspiel
S_k Kopfspiel
Sp Zahnsprung
W Zahnweitenmaß

α Pressungswinkel
α_0 Eingriffswinkel
β Schrägungswinkel
ε Überdeckungsgrad (Profilüberdeckung)
ω Winkelgeschwindigkeit

Indizes:

0 bezogen auf den Teilkreis
1 bezogen auf das treibende Rad (Rad 1)
2 bezogen auf das getriebene Rad (Rad 2)
b bezogen auf den Betriebswälzkreis
e bezogen auf den Zahneingriff
g bezogen auf den Grundkreis
n bezogen auf den Normalschnitt
s bezogen auf den Stirnschnitt oder bezogen auf die Zahndicke
w bezogen auf das Werkzeug

3. Übersetzung und Zähnezahlverhältnis. Das Verhältnis der Winkelgeschwindigkeit (bzw. Drehzahl) des treibenden zu der des getriebenen Rades heißt *Übersetzung* (vgl. DIN 3960):

$$i = \frac{\omega_1}{\omega_2} = \frac{n_1}{n_2} \qquad \text{(Index 1 \ldots Treibendes Rad).} \tag{1}$$

Das Verhältnis der Zähnezahl z des großen Rades zu der des kleinen Rades (Ritzel) heißt *Zähnezahlverhältnis*:

$$u = z_{\text{Rad}}/z_{\text{Ritzel}} \geqq 1 \, .$$

4. Verzahnungsgesetz (Bild 2). Das Verzahnungsgesetz gibt an, wie die Flanken F_1 und F_2 zweier zusammenarbeitender Räder auszubilden sind, damit die Übersetzung ständig (also bei beliebiger Lage des Berührungspunktes P der Flanken) konstant ist.

Die Flanken F_1 und F_2 berühren sich im momentanen Berührungspunkt P, der vom Radmittelpunkt O_1 den (momentanen) Abstand r_1, von O_2 den Abstand r_2

---

[1] Hier nicht aufgeführte Zeichen und Benennungen werden an den betreffenden Stellen im Text erklärt.

hat. Die momentanen Umfangsgeschwindigkeiten in P sind dann $v_1 = r_1\,\omega_1$ für das treibende Rad und $v_2 = r_2\,\omega_2$ für das getriebene Rad.

Es ist somit $v_1 \perp r_1$ und $v_2 \perp r_2$.

Werden die Geschwindigkeiten v_1 und v_2 zerlegt in je eine Komponente in Richtung der gemeinsamen Flankentangente t (w_1 und w_2) und je eine Komponente in Richtung der gemeinsamen Flankennormale (Berührungsnormale) n (c_1 und c_2), so ist sofort ersichtlich, daß die letzteren stets (also bei beliebiger Lage von P) gleich groß sein müssen ($c_1 = c_2$), wenn sich die Flanken ständig berühren sollen.

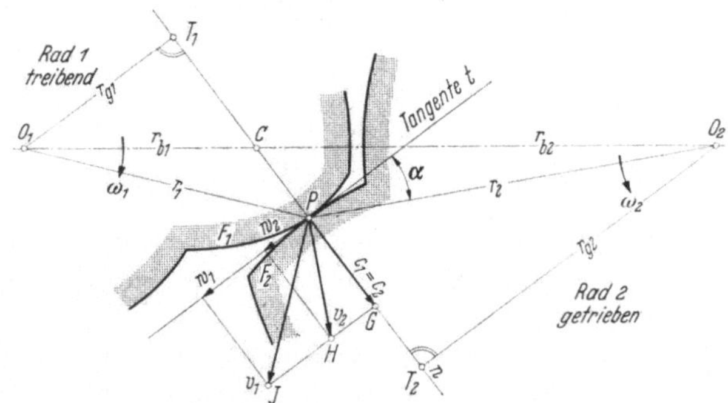

Bild 2. Geschwindigkeitsverhältnisse am Zahnradhebel.

Wäre $c_1 > c_2$, so würde Flanke F_1 in Flanke F_2 eindringen, wäre $c_1 < c_2$, so bliebe das treibende Rad hinter dem getriebenen zurück.

Aus der Ähnlichkeit der Dreiecke: $\triangle PT_1O_1 \sim \triangle PGJ$ einerseits und $\triangle PT_2O_2 \sim \triangle PGH$ andererseits folgt:

$$\frac{c_1}{v_1} = \frac{r_{g_1}}{r_1} \; ; \quad \frac{c_2}{v_2} = \frac{r_{g_2}}{r_2}$$

oder

$$c_1 = \frac{v_1}{r_1}\,r_{g_1} = \omega_1\,r_{g_1} ; \quad c_2 = \frac{v_2}{r_2}\,r_{g_2} = \omega_2\,r_{g_2} .$$

Wegen $c_1 = c_2$ ergibt sich dann:

$$\frac{r_{g_2}}{r_{g_1}} = \frac{\omega_1}{\omega_2} = i .$$

Aus der Ähnlichkeit der Dreiecke $\triangle O_1CT_1 \sim \triangle O_2CT_2$ folgt ferner

$$\frac{r_{b_1}}{r_{b_2}} = \frac{r_{g_1}}{r_{g_2}}$$

und damit

$$\frac{\omega_1}{\omega_2} = \frac{r_{b_2}}{r_{b_1}} = i . \tag{2}$$

Soll die Übersetzung i (wie zumeist) unveränderlich sein, dann muß das Verhältnis r_{b_1}/r_{b_2} ebenfalls unveränderlich sein, d. h. bei festliegenden Punkten O_1 bzw. O_2 auch Punkt C festliegen. Da $\omega_1\,r_{b_1} = \omega_2\,r_{b_2} =$ Umfangsgeschwindigkeit im Punkte C ist, so folgt: Die durch C mit Radius r_{b_1} um O_1 und mit r_{b_2} um O_2 geschlagenen Kreise haben gleiche Umfangsgeschwindigkeit. Diese Kreise wälzen sich bei der Drehung der beiden Räder ohne zu gleiten aufeinander ab. Sie heißen daher allgemein die *Wälzkreise*[1]. Trägt man auf diesen Kreisen von C aus gleiche Bogenteile ab, dann treffen die einzelnen Teilpunkte stets im Punkt C aufeinander. Besitzt der Wälzkreis einen Umfang, der gleich der Zähnezahl z

---

[1] Index b in r_{b_1} und r_{b_2} bedeutet: bezogen auf den Betriebswälzkreis (s. Abschn. 17).

mal einem bestimmten genormten Bogenteil t_0 ist, dann nennt man diesen besonderen Wälzkreis den *Teilkreis*. Punkt C heißt *Wälzpunkt*[1].

Den Winkel zwischen dem Mittelpunktstrahl zum beliebigen Flankenpunkt P und der Flankentangente bezeichnet man als *Pressungswinkel* α. Liegt sein Scheitel auf dem Teilkreis, so heißt er *Eingriffswinkel* α_0 (s. DIN 3960).

Soll das Übersetzungsverhältnis periodisch veränderlich sein, dann muß sich auch die Lage des Punktes C periodisch ändern, an Stelle von Kreisen treten unrunde geschlossene Kurven, z. B. Ellipsen; es entstehen unrunde Räder.

Das allgemeine Verzahnungsgesetz für konstantes i lautet somit:

> 2 Kurven F_1 und F_2 sind als Zahnflanken brauchbar, wenn die gemeinsame Normale n auf beiden Kurven in jedem beliebigen Berührungspunkt P stets durch den Wälzpunkt C geht, der die Mittenlinie O_1O_2 im umgekehrten Verhältnis der Winkelgeschwindigkeit teilt.

Von den vielen für Zahnformen brauchbaren Kurven finden allgemeine Anwendung die Kreisevolvente[2] und begrenzte Anwendung die Zykloiden[2] und Kreisbogen[3].

5. Konstruktion der Gegenflanke zu einem vorgegebenen Profil; Begriff der Eingriffslinie. Zu einem gegebenen Zahnprofil[4] 1 (Bild 3) mit den (willkürlich festgelegten) Punkten $a_1, b_1, \ldots, f_1$ kann mit Hilfe des allgemeinen Verzahnungsgesetzes das Gegenprofil 2 bestimmt werden.

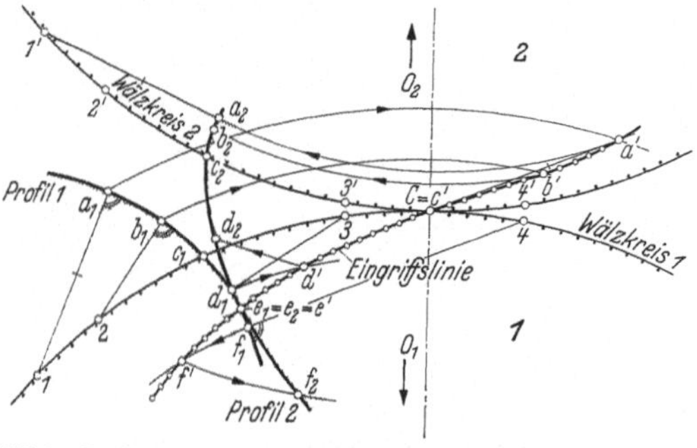

Konstruktion: Die Normale im Punkt a_1 schneidet den Wälzkreis 1 im Punkt 1. Wird Rad 1 um O_1 nach rechts gedreht bis Punkt *1* mit Wälzpunkt C zusammenfällt, dann ist a_1 nach a' gekommen. Hier muß nach dem Verzahnungsgesetz die Berührung mit Punkt a_2 des Gegenprofils stattfinden, da jetzt die Normale durch C geht. $a', b', \ldots$ (die Schnittpunkte der Kreise mit den Radien $1\,a_1, 2\,b_1, \ldots$ um O_1) bilden also die Kurve $a'\,b'\,C\,d'$

Bild 3. Bestimmung der Eingriffslinie und des Gegenprofiles 2 aus Profil *1* und den Wälzkreisen.

aller Berührungspunkte, die *Eingriffslinie*, die stets durch den Wälzpunkt C geht. Das Gegenprofil $a_2\,b_2\,c_2\,d_2$ ergibt sich aus dieser Eingriffslinie.

Den Wälzkreisbogen $\widehat{C1}, \widehat{C2}, \ldots$ entsprechende gleichgroße Bogen $\widehat{C1'}, \widehat{C2'}, \ldots$ werden auf Wälzkreis 2 abgetragen (Umfangsgeschwindigkeiten beider Räder sind auf den Wälzkreisen gleich). Die gesuchten Punkte $a_2, b_2, \ldots$ liegen dann auf Kreisbogen um O_2 durch die Punkte $a', b', \ldots$ der Eingriffslinie (Rückdrehung!) und Kreisbogen um *1'*, *2'*, $\ldots$ mit den Strecken (Normalen) $\overline{a'\,C}, \overline{b'\,C}, \ldots$

---

[1] Nur bei Berührung der Flanken in C tritt reines Wälzen auf. In allen anderen Eingriffslagen gleiten die Flanken in Richtung der gemeinsamen Flankentangente mit der Geschwindigkeit $w_1 - w_2$ aufeinander (s. Abschn. 11).

[2] Siehe Abschn. 13.

[3] Von den Kreisbogen-Verzahnungen haben eine begrenzte praktische Bedeutung erlangt die Vickers-Bostock-Bramley (VBB)-Verzahnung und die Novikov-Verzahnung. Vergleiche dieser Verzahnungen mit der Evolventenverzahnung s. [12].

[4] Einschränkung: Brauchbar sind nur solche Profile, deren Normalen den Wälzkreis schneiden (s. Verzahnungsgesetz Abschn. 4).

Die Wälzkreispunkte *1, 2, . . ., 1′, 2′, . . .* treffen bei der Räderdrehnug in C, die Zahnkurvenpunkte $a_1, b_1, . . ., a_2, b_2, . . .$ in $a′, b′, . . .$ auf der *Eingriffslinie* zusammen.

Die Eingriffslinie ist also der geometrische Ort aller Berührungspunkte zweier in Eingriff befindlicher Zahnflanken.

Sinngemäß lassen sich aus einer gegebenen Eingriffslinie die Flanken beider Räder entwickeln (Abschn. 13 u. 18).

Allerdings können bei willkürlicher Annahme der Flanken oder der Eingriffslinie auch unbrauchbare Flankenteile gefunden werden. Deshalb wird der verwendbare Teil der Eingriffslinie durch 2 Bedingungen begrenzt:

1. Rückläufige Teile der Eingriffslinie (in Bild 4 a von P_1 ab gestrichelt) sind unbrauchbar: In Punkt P_1 fällt die Normale der Eingriffslinie mit den Flankennormalen zusammen. Daraus folgt, daß die Krümmungen der Flanken in diesem Punkt gleich sind und die Grenze der Brauchbarkeit erreicht ist [1].

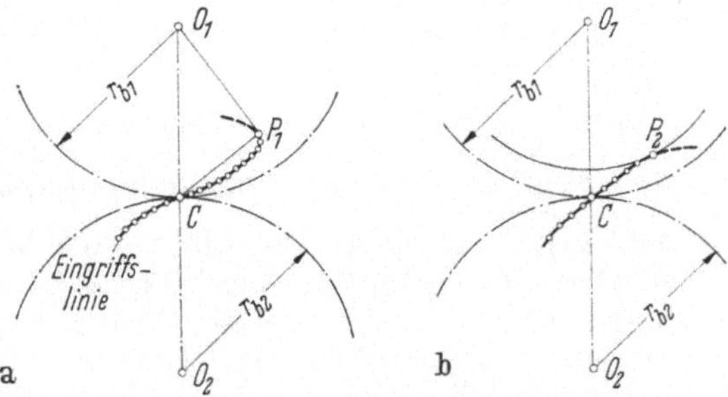

Bild 4 a u. b. Einschränkung des eingriffsfähigen Teils der Eingriffslinie.

2. Die Eingriffslinie muß von C aus stetig zu den Radmittelpunkten hin verlaufen. Zweige der Eingriffslinie, die sich vom jeweiligen Radmittelpunkt entfernen (in Bild 4 b von P_2 ab gestrichelt), sind unbrauchbar. Es darf kein Radkreis die Eingriffslinie zweimal schneiden, d. h., ein Punkt des Zahnprofils darf nur einmal in Eingriff kommen.

6. Eingriffsstrecke und Eingriffsbogen. Der durch die Kopfkreise begrenzte Teil der Eingriffslinie AE heißt *Eingriffsstrecke* (Bild 5). Im Anfangspunkt A der Eingriffsstrecke kommt der Kopfeckpunkt K_2 des getriebenen Rades in Berührung mit dem Punkt X_1 auf der Fußflanke des treibenden Rades. Der Eingriff endet, wenn der Kopfeckpunkt K_1 des treibenden Rades die Fußflanke des getriebenen Rades in X_2 verläßt. Das geschieht im Endpunkt E der Eingriffsstrecke.

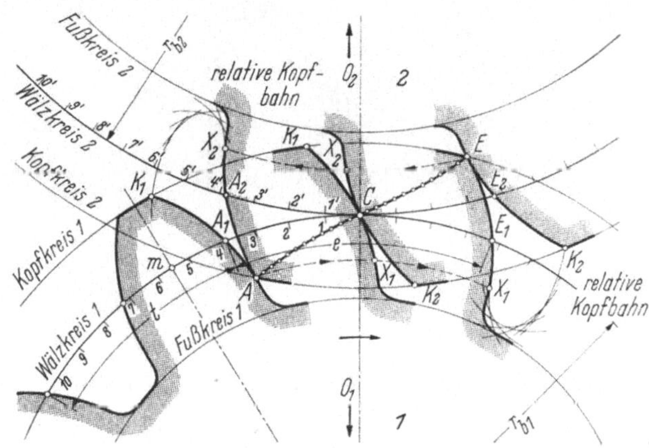

Bild 5. Eingriffsbegrenzung durch die beiden Kopfkreise. Relative Bahn der Kopfeckpunkte K_1 und K_2.

Das *wirksame (aktive) Zahnprofil* ist somit $K_1 X_1$ für Rad *1* bzw. $K_2 X_2$ für Rad *2*.

Zwischen Beginn und Ende des Eingriffs eines Zahnes wandert ein auf dem Wälzkreis *1* gelegener Punkt einer Flanke des Rades *1* von A_1 über C nach E_1 und ein entsprechender Punkt einer Flanke des Rades *2* von A_2 über C nach E_2. Da die Wälzkreise gleiche Umfangsgeschwindigkeit haben, sind die Bogen:

$$\widehat{A_1 C E_1} = \widehat{A_2 C E_2}$$ gleich lang. Sie heißen *Eingriffsbogen*.

Treibt Rad *1* im entgegengesetzten Sinn (Bild 6), dann liegen die Eingriffs-strecke AE und die Eingriffsbogen für Rücklauf spiegelbildlich zu denen bei Vorwärtslauf, wenn die Zahnflanken der Räder symmetrisch zur Zahnmittellinie $O_1 m$ (Bild 5) liegen, was fast immer der Fall ist.

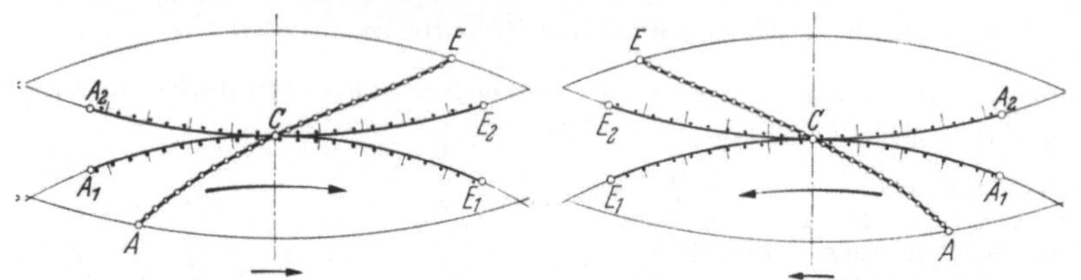

Bild 6. Lage von Eingriffsstrecke und Eingriffsbogen bei Vor- und Rücklauf und symmetrischen Zahnflanken.

7. Profilüberdeckung (Überdeckungsgrad). Der Eingriffsbogen $\widehat{A_1 C E_1} = e$ (bzw. $\widehat{A_2 C E_2}$) muß größer sein als die Wälzkreisteilung t (Bild 5), damit stets ein neues Zahnpaar in Eingriff tritt bevor das vorhergehende außer Eingriff gekommen ist. Das Verhältnis Eingriffsbogen e zu Wälzkreisteilung t bezeichnet man als *Profilüberdeckung* ε. Eine kontinuierliche Bewegungsübertragung ist theoretisch schon mit $\varepsilon = 1$ möglich. Praktisch soll $\varepsilon \geqq 1{,}1 \ldots 1{,}25$ sein[1].

8. Einzeleingriffspunkte. Bei Getrieben mit $\varepsilon > 1$ ist bei Beginn des Eingriffs eines Zahnes im Punkt A (Fußeingriffspunkt des treibenden Rades) der vorher-

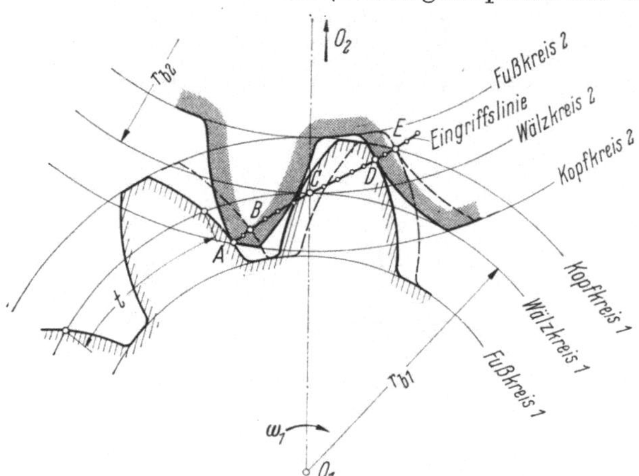

Bild 7. Einzeleingriffspunkte B und D.

gehende Zahn noch im Eingriff (Bild 7). Er steht in diesem Augenblick im Punkt D, dem *äußeren Einzeleingriffspunkt* des treibenden Rades. Der Doppeleingriff endet, wenn der vorhergehende Zahn von D nach E (Kopfeingriffspunkt des treibenden Rades) gewandert ist und dort außer Eingriff gerät. Der ihm folgende Zahn steht dann im Punkt B, dem *inneren Einzeleingriffspunkt* des treibenden Rades.

9. Relative Bahn der Kopfeckpunkte. Unterhalb der Punkte X (Bild 5) erfolgt auf den Fußflanken kein Eingriff mehr. Deshalb kann die Fußflanke zwischen X und dem Fußkreis vom Verzahnungsgesetz abweichend gestaltet werden. Allerdings darf der Zahnfuß nicht mit einem beliebig großen Ausrundungsbogen an den Fußkreis angeschlossen werden, weil der Kopfeckpunkt des Gegenrades genügend Raum beim Durchdrehen haben muß. Den Weg dieser Kopfecken, die *relative Kopfbahn* der Punkte $K_1 K_2$ kann man aufzeichnen (Bild 8). Man rollt ein Rad auf dem ruhend gedachten zweiten Rad längs der Wälzkreise ab, teilt von C aus beginnend die Wälzkreise in eine Anzahl gleicher Teile, nimmt die Strecken $1K_1, 2K_1, \ldots$ in den Zirkel und schlägt um $1', 2', \ldots$ Kreise, welche

---

[1] Ausnahme: Getriebe mit Stufenzähnen.

die Kopfbahn umhüllen.[1] Die Abrundung zwischen Zahnfuß und Fußkreis wird beliebig außerhalb dieser relativen Kopfbahn gezogen.

10. Unterschnitt. Wenn die Kopfeckbahn wie in Bild 8 nicht außerhalb der wirksamen Flankenprofile K_1X_1 bzw. K_2X_2 auf die Flanke stößt, sondern zwischen C und X_1 bzw. C und X_2 im Punkte X_1' bzw. X_2', wird das wirksame Profil auf K_1X_1' bzw. K_2X_2' und die Eingriffsstrecke von AE auf $A'E'$ verkürzt. Diese Erscheinung, die bei kleinen Zähnezahlen auftreten kann, bezeichnet man als

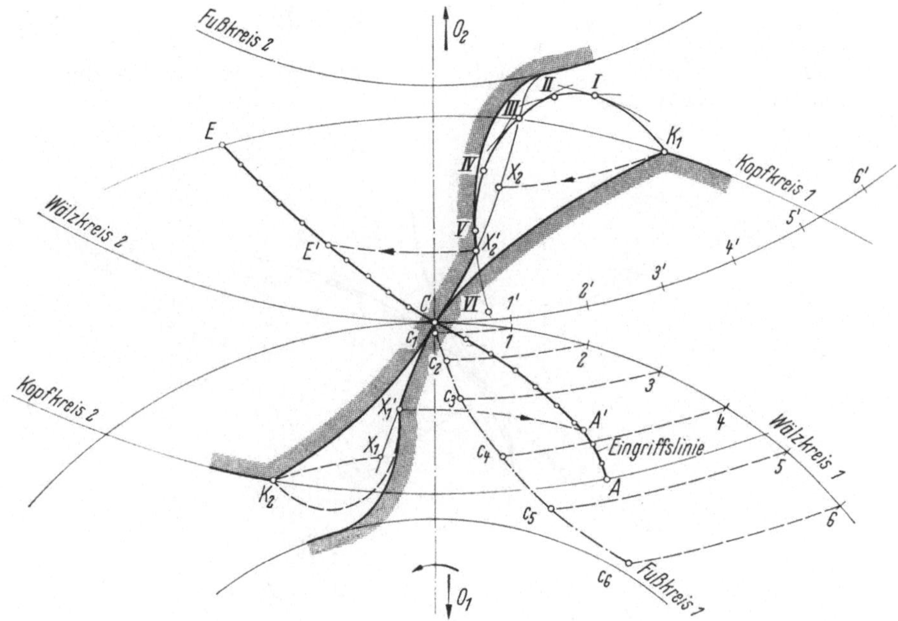

Bild 8. Punktweise Konstruktion der relativen Kopfeckbahn; Unterschnitt am Zahnfuß.

Unterschnitt[2]. Er hat eine Verringerung der Profilüberdeckung und eine Schwächung des Zahnfußes zur Folge.

11. Gleitung. Ein reines Abwälzen zweier Zahnflanken tritt nur im Wälzpunkt C auf, während in allen anderen Eingriffslagen die Flanken aufeinander gleiten (s. Abschn. 4). Zur Veranschaulichung der Gleitbewegung werden in Bild 9 auf der Flanke des treibenden Rades gleichlange Abschnitte $12, 23 \ldots$ aufgetragen. Die diesen entsprechenden Abschnitte der Gegenflanke $1'2', 2'3' \ldots$ sind von unterschiedlicher Größe. Da aber diese Abschnitte auf beiden Flanken in gleichen Zeiten durchlaufen werden, müssen die tangentialen Geschwindigkeitskomponenten w der Flanken unterschiedlich sein. Die *absolute Gleitgeschwindigkeit* $w_1 - w_2$ (für Flanke 1) ist bei Eingriffsbeginn (Punkt IX in Bild 9) negativ, im Wälzpunkt ist sie Null und am Eingriffsende (Punkt I)

---

[1] Bei einer punktweisen Konstruktion (Bild 8) ist zudem die Bahn zu bestimmen, die der Punkt C beschreibt, wenn der Wälzkreis des einen Rades auf dem des anderen abgerollt wird. Diese Bahn ist eine *Epizykloide* (s. Abschn. 13). Wird Rad 1 auf dem ruhend gedachten Rad 2 abgewälzt, so ergeben sich als den Wälzkreisteilpunkten entsprechende Bahnpunkte des auf der Flanke von Rad 1 gelegenen Punktes C die Punkte $C_1, C_2, \ldots$ (vgl. Abschn. 13 a). Die Punkte $I, II, \ldots$ der relativen Kopfeckbahn von K_1 werden dann als Schnittpunkte der Kreisbogen um $1', 2', \ldots$ mit $1\,K_1, 2\,K_1, \ldots$ und denen um $C_1, C_2, \ldots$ mit K_1C gefunden.

[2] Näheres in Abschn. 24.

positiv. Sie wechselt somit im Wälzpunkt ihre Richtung. Entsprechend wechselt auch die Reibungskraft dort ihre Richtung: „stemmende" Reibung zwischen Eingriffsbeginn und Wälzpunkt, „streichende" Reibung zwischen Wälzpunkt und Eingriffsende. Eine für die Beurteilung des Verschleißverhaltens der Verzahnung interessante Größe ist die *spezifische Gleitung*:

$$\psi_1 = \frac{w_1 - w_2}{w_1} \qquad \text{(für Rad 1) bzw.}$$

$$\psi_2 = \frac{w_2 - w_1}{w_2} \qquad \text{(für Rad 2).}$$

Die spezifische Gleitung wird häufig über der abgewickelten Profillänge aufgetragen (vgl. Abschn. 20).

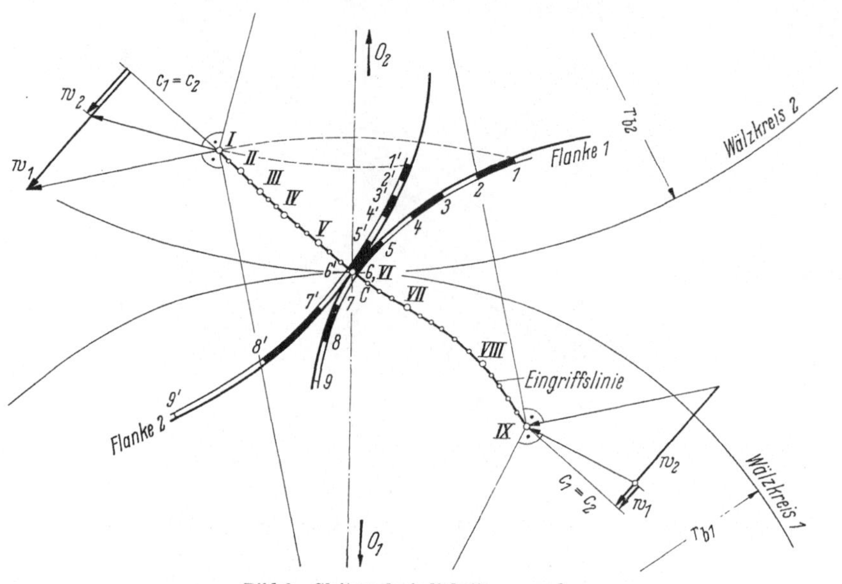

Bild 9. Gleitgeschwindigkeiten w_1 und w_2.

12. Satzräderverzahnung, Paarverzahnung. *Satzräder* sind Räder mit voneinander verschiedenen Zähnezahlen, die beliebig untereinander gepaart werden können (z. B. Wechselräder). Sie sind dadurch gekennzeichnet, daß die ihnen zugeordneten Planverzahnungen[1] (Profil und Gegenprofil) identisch sind. Sie können deshalb sämtlich mit dem gleichen Werkzeug hergestellt werden (Bild 10). Zu beachten ist, daß dabei Rechts- und Linksflanken nicht gleich sein müssen. Die Eingriffslinien verlaufen jeweils

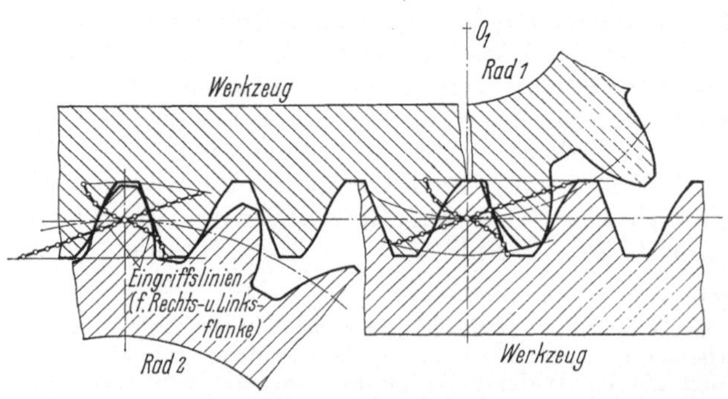

Bild 10. Satzräderverzahnung: Profil und Gegenprofil der Planverzahnung sind identisch, trotz ungleicher Links- und Rechtsflanken (nach NIEMANN [9]).

---

[1] Vgl. Bild 1.

beiderseits des Wälzpunktes symmetrisch und zwar spiegelbildlich und verkehrt symmetrisch. Eine genauere Unterscheidung in Satzräder 1. bis 3. Grades nach WINTER findet sich in [3].

Bei einer *Paarverzahnung* decken sich die den Rädern zugeordneten Planverzahnungen wie Patrize und Matrize. Zur Herstellung von Rad und Gegenrad sind unterschiedliche Werkzeuge erforderlich. Die Eingriffslinien verlaufen nicht symmetrisch.

13. Zykloidenverzahnung, Triebstockverzahnung und Evolventenverzahnung.

a) Zykloidenverzahnung (s. Bild 11). Beim Abrollen eines *Rollkreises 1* auf dem Wälzkreis *2* beschreibt ein Punkt am Rollkreisumfang eine die Kopfflanke $\widehat{CK}_2$ des Rades *2* bildende *Epizykloide* und beim Abrollen im Wälzkreis *1* eine die Fußflanke $\widehat{CF}_1$ des Rades *1* bildende *Hypozykloide*. Sinngemäß erzeugt der Rollkreis *2* die Fußflanke $\widehat{CF}_2$ des Rades *2* und die Kopfflanke $\widehat{CK}_1$ des Rades *1*. Da die Rollkreissehnen (z. B. $\overline{dC}$ in Bild 11) Normalen der Zykloiden sind, z. B. d_1D_1 bzw. d_2D_2, wird die *Eingriffslinie* durch Rollkreisbogen ($\widehat{ACE}$ in Bild 11) gebildet.

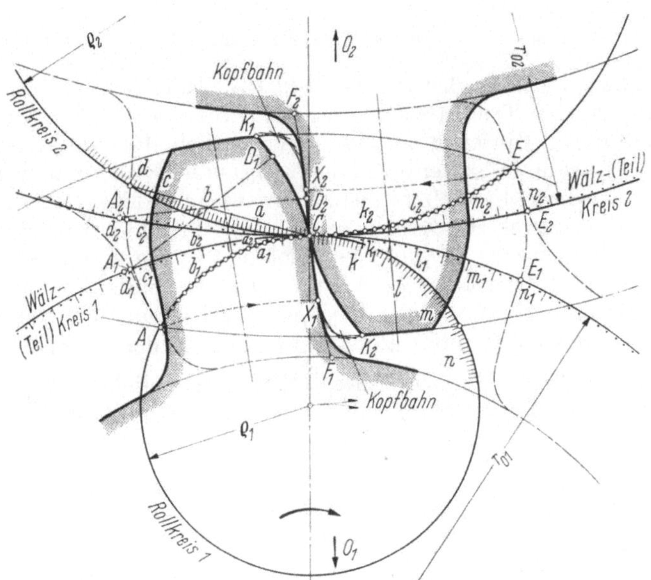

Bild 11. Zykloidenverzahnung.

Die Größe des Verhältnisses Rollkreisradius ϱ zu Teilkreis (Wälzkreis-)radius r_0 bestimmt Profilüberdeckung, Gleitung, Zahn- und Lagerkraft, Zahnfuß-[1] und Zahnflankenfestigkeit[1]. Man wählt im allgemeinen $\varrho/r_0 = 0{,}33$ bis $0{,}44$, bei der Geradflankenverzahnung $\varrho/r_0 = 0{,}5$ (Fußflanke ist eine radial verlaufende Gerade; Anwendung im Uhrenbau), bei Punktverzahnungen $\varrho/r_0 = 1$ (s. Abschn. 13 b). Satzräder entstehen, wenn die Rollkreisradien aller Räder gleich sind.

Die stets vorhandene Paarung einer erhaben gekrümmten (konvexen) Kopfflanke mit einer hohl gekrümmten (konkaven) Fußflanke ergibt niedrige Wälzpressung, sanften Eingriff und günstige Gleitverhältnisse. Die Zähnezahl kann

---

[1] Begriffe siehe z. B. [8].

sehr klein gehalten werden. Da aber Kopf- und Fußflanke unter Bildung eines
Wendepunktes aneinanderstoßen, sind die Anforderungen an die Einhaltung des
rechnerischen Achsabstandes sehr hoch und die Herstellung der Werkzeuge und
Räder wird dadurch erschwert. Die *Anwendung* ist beschränkt auf Uhrenzahn-
räder, Kapselpumpenräder und Handwindenritzel.

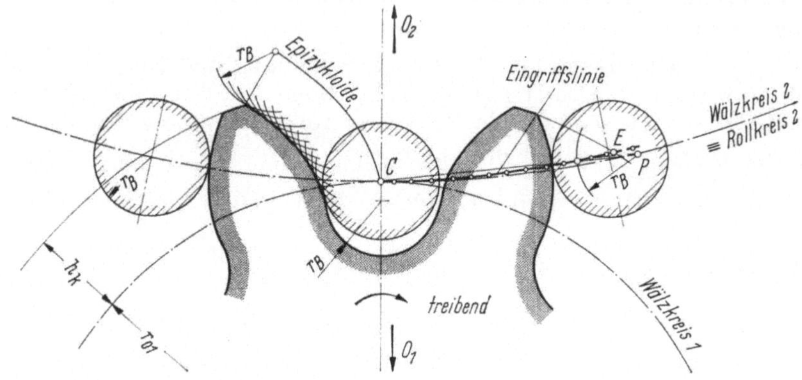

Bild 12. Triebstockverzahnung.

b) Triebstockverzahnung (s. Bild 12). Eine Sonderform der Zykloidenverzahnung ist die Triebstockverzahnung. Sie ist eine einseitige Zykloiden-
Punktverzahnung. Einseitig heißt sie, weil nur ein Rollkreis vorhanden ist und
damit das wirksame Flankenprofil einseitig vom Wälzkreis liegt. Als Punktverzahnung wird sie bezeichnet, weil der zweite Rollkreis ebensogroß wie der
Wälzkreis ist, wodurch die Zahnfußkurve (Hypozykloide) in einen Punkt über-
geht. Dieser Punkt wird durch einen Zapfen oder durch eine Zapfenrolle (Triebstock) mit dem Bolzenradius r_B ersetzt. Die Gegenflanke zur punktförmigen
Fußflanke ist eine Epizykloide, die Gegenflanke zum Triebstock ist die Einhüllende der Kreisbogen mit Radius r_B um Punkte der Epizykloide. Zur punktweisen Ermittlung der *Eingriffslinie* $\overparen{CE}$ werden beliebige Punkte P auf Wälzkreis *2* festgelegt. Schnittpunkt des Kreisbogens mit Radius r_B um Punkt P
liefert auf der Geraden $\overline{CP}$ einen Punkt der Eingriffslinie. *Richtwerte für den
Entwurf*:

Kopfhöhe $h_k \approx m\ (1 + 0{,}03)\,z_1$ bei Außenverzahnung, Bolzenradius $r_B \approx 0{,}835 \cdot m$,
Kopfspiel $S_k \approx 0{,}15 \cdot m$, Eingriffsflankenspiel $S_e \approx 0{,}04 \cdot m$.

Anwendung: Langsam laufende Getriebe wie Drehwerke von Kranen, Zahn-
stangen-Hubwerke und Uhrwerke.

c) Evolventenverzahnung (Bild 13). Eine Gerade (Rollkreis mit $\varrho = \infty$)
rollt auf dem Grundkreis mit dem Radius r_g ab. Jeder Punkt der Geraden
beschreibt dann eine Kreisevolvente (Konstruktion s. Abschn. 18). Die den
Grundkreis in den Punkten *1′, 2′, 3′* tangierende Gerade ist zugleich jeweils
Normale der Evolvente (Evolventenpunkte *I, II, III*). Die Punkte *I′, II′, III′*
(auf Kreisbogen um 0 durch die Evolventenpunkte *I, II, III*) sind Punkte der
Eingriffslinie. Diese ist wie der Rollkreis (mit $\varrho =$ unendlich) eine Gerade.

Die Evolvente bietet gegenüber anderen Flankenformen wesentliche Vorteile.
Die Evolventenverzahnung ist einfach und genau mit geradflankigen Werkzeugen
herstellbar. Sie ist unempfindlich gegen Achsabstandsänderungen. Sie hat Satzrädereigenschaft und bietet die Möglichkeit, durch Profilverschiebung mit dem

gleichen Werkzeug unterschiedliche Zahnformen herzustellen. Da die Evolventenverzahnung im Maschinenbau nahezu ausschließlich Anwendung findet, soll sie allein in den folgenden Abschnitten behandelt werden.

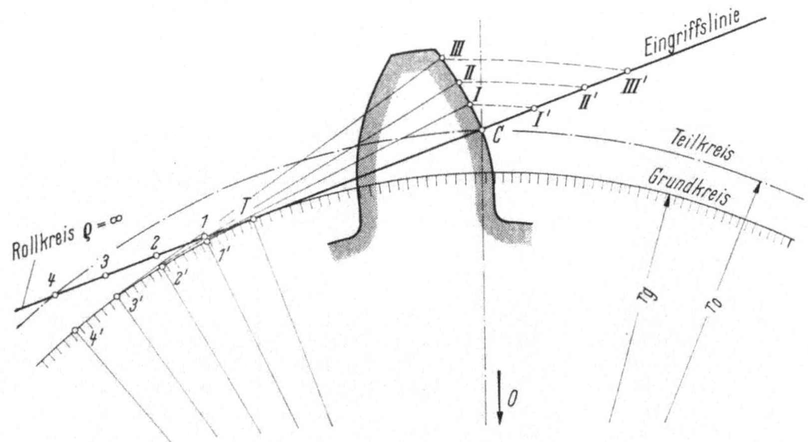

Bild 13. Evolventenverzahnung.

II. Stirnräder mit geraden Zähnen: Geradstirnräder

A. Normbezeichnungen

14. **Teilung, Teilkreisdurchmesser, Modul** (Bild 14). Der *Teilkreis* ist derjenige Kreis um den Radmittelpunkt, auf dessen Umfang sich z mal die genormte Teilung t_0 abtragen läßt. Dabei ist z die Zähnezahl und die *Teilung* t_0 der Teilkreisbogen zwischen zwei benachbarten, gleichgerichteten Zahnflanken. Die *Teilung* t_0 ist die Summe der *Zahndicke* s_0 und der *Zahnlückenweite* l_0. Der *Teilkreisdurchmesser* d_0 ergibt sich somit aus dem Umfang $d_0 \pi = t_0 z$ zu $d_0 = \dfrac{t_0}{\pi} \cdot z$. Damit der Teilkreisdurchmesser eine rationale Zahl wird, drückt man die Teilkreisteilung t_0 als Vielfaches von π aus: $t_0 = m \cdot \pi$. Für den Teilkreisdurchmesser eines Geradstirnrades[1] ergibt sich damit: $d_0 = m \cdot z$. Der Wert m ergibt

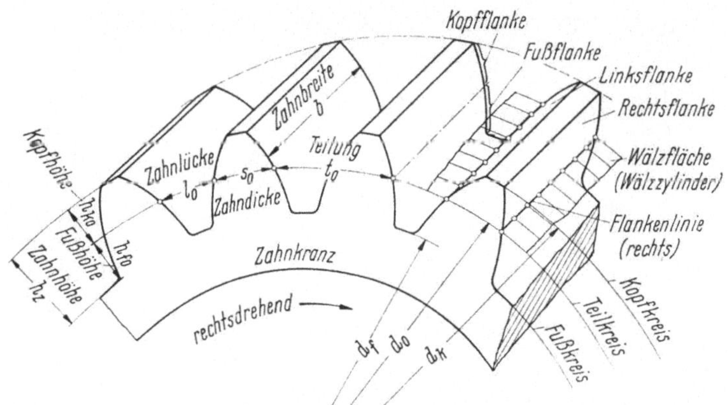

Bild 14. Bezeichnungen an Stirnradzähnen.

---

[1] d_0 für Schrägstirnrad s. Abschn. 42 bzw. Gl. (60).

sich danach zu $m = \dfrac{t_0}{\pi} = \dfrac{d_0}{z}$. Er wird mit *Modul* bezeichnet und in mm angegeben. Zur Verringerung der Zahl der benötigten Werkzeuge sind Modul-Reihen nach DIN 780 genormt (Tab. 1). Dabei ist die Reihe *1* der Reihe *2* vorzuziehen. Die Werte der Reihe *3* sind hier nicht aufgeführt, da sie nur noch für eine Übergangszeit gelten.

Tabelle 1. *Modulreihen nach DIN 780* — Moduln in mm

Reihe 1	Reihe 2	Reihe 1	Reihe 2	Reihe 1	Reihe 2
			0,65		7
0,05	0,055	0,7	0,75	8	9
0,06	0,07	0,8	0,85	10	11
0,08	0,09	0,9	0,95	12	14
0,1	0,11	1	1,125	16	18
0,12	0,14	1,25	1,375	20	22
0,16	0,18	1,5	1,75	25	28
0,20	0,22	2	2,25	32	36
0,25	0,28	2,5	2,75	40	45
0,3	0,35	3	3,5	50	55
0,4	0,45	4	4,5	60	70
0,5	0,55	5	5,5		
0,6		6			

In den Ländern mit Zollsystem rechnet man mit *Diametral-Pitch* (P) = Anzahl der Zähne auf 1 Zoll Länge des Teilkreisdurchmessers. Es ist bei $1'' = 25{,}4$ mm

$$P = \frac{z}{d('')} = 25{,}4 \cdot \frac{z}{m \cdot z} = \frac{25{,}4}{m} \quad \text{oder} \quad m = \frac{25{,}4}{P}.$$

Die Diametral-Pitch-Werte der ISO-Empfehlung R 54 sind in DIN 780 aufgeführt.

15. Rechtsflanke — Linksflanke, Kopfflanke — Fußflanke, Flankenlinie, Zahnhöhe. Diese Benennungen sind in Bild 14 erläutert (s. auch DIN 868).

16. Zahnspiel (Bild 15). Mit Rücksicht auf das unvermeidliche Auftreten von Fehlern — einzeln und gemeinsam — wie Zahndickenfehler, Flankenformfehler, Teilungsfehler, Rundlauffehler, Achsabstandsfehler (s. DIN 3960) sowie auf Schmierung und Erwärmung muß stets ein Spiel zwischen den Flanken vorhanden sein (vgl. Abschn. 33 u. 34). Man unterscheidet Eingriffsflankenspiel und Verdrehflankenspiel. Das *Eingriffsflankenspiel* S_e ist der

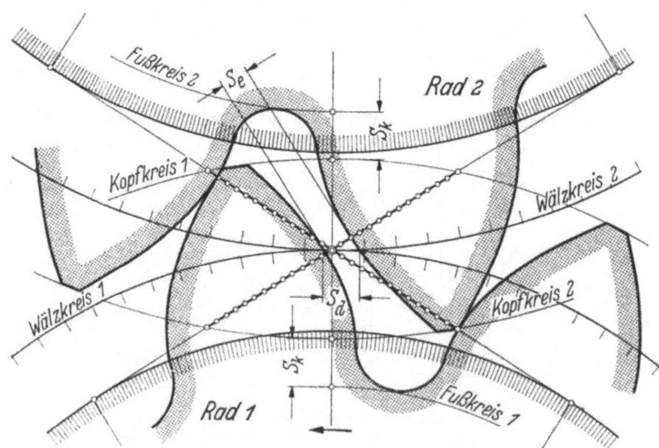

Bild 15. Kopfspiel S_k, Eingriffsflankenspiel S_e und Verdrehflankenspiel S_d.

Abstand einer Radflanke von der Gegenradflanke, gemessen in Richtung der Eingriffslinie bei unbelasteter Verzahnung (Zahnkraft gleich Null). Das *Verdrehflankenspiel* S_d ist der Wälzkreisbogen (in Längenmaß), um den sich ein Rad gegenüber dem festgehaltenen Gegenrad verdrehen läßt. Mit *Kopfspiel* S_k wird der Abstand zwischen dem Kopfkreis eines Rades und dem Fußkreis des Gegenrades bezeichnet.

B. Evolventen-Außenverzahnung

17. Eingriffslinie, Wälzkreise, Eingriffswinkel, Übersetzung. Die *Eingriffslinie* bei Evolventenverzahnung ist eine Gerade (s. Bild 13). Da die Eingriffslinie der geometrische Ort aller Eingriffs(Berührungs-)punkte ist und nach dem Verzahnungsgesetz (s. Abschn. 4) die gemeinsamen Berührungsnormalen der zusammenarbeitenden Flanken stets durch den Wälzpunkt gehen müssen, folgt, daß alle Berührungsnormalen mit der Eingriffslinie zusammenfallen. Da die Normalen der Evolvente aber zugleich Tangenten am Grundkreis sind (s. Abschn. 13c), ergibt sich, daß die Eingriffslinie die gemeinsame Tangente an beide Grundkreise ist (Bild 16). Der Winkel zwischen der Eingriffslinie und der gemeinsamen Tangente an die Betriebswälzkreise in C ist der *Betriebseingriffswinkel* α_b.

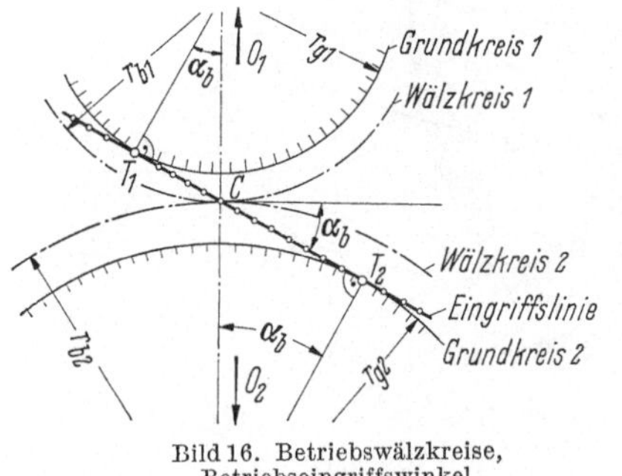

Bild 16. Betriebswälzkreise, Betriebseingriffswinkel.

Die durch den Wälzpunkt C gehenden Kreise sind die *Betriebswälzkreise* mit den Radien

$$r_{b1} = \frac{r_{g1}}{\cos \alpha_b} \; ; \quad r_{b2} = \frac{r_{g2}}{\cos \alpha_b} . \tag{3}$$

Der Achsabstand ist

$$a = r_{b1} + r_{b2} . \tag{4}$$

Werden die Räder im Achsabstand

$$a_0 = r_{01} + r_{02} \tag{5}$$

gepaart, fallen Teilkreise und Betriebswälzkreise zusammen ($r_{01} = r_{b1}$ und $r_{02} = r_{b2}$). Der *Eingriffswinkel* wird dann mit α_0 bezeichnet. Die *Übersetzung*

$$i = \frac{\omega_1}{\omega_2} = \frac{r_{b2}}{r_{b1}} = \frac{r_{g2}}{\cos \alpha_b} \, \frac{\cos \alpha_b}{r_{g1}} = \frac{r_{g2}}{r_{g1}} \tag{6}$$

ist durch das Verhältnis der Grundkreisradien bestimmt und somit unabhängig vom Achsabstand.

18. Konstruktion eines Null-Getriebes[1] (Bild 17).

Radmittelpunkte O_1, O_2 im Achsabstand $a_0 = r_{01} + r_{02} = \dfrac{m\,z_1}{2} + \dfrac{m\,z_2}{2}$ aufzeichnen, sodann die Grundkreise mit den Radien

$$r_g = r_0 \cdot \cos \alpha_0 \tag{7}$$

eintragen und eine gemeinsame Tangente $T_1\,T_2$ an die Grundkreise ziehen. Sie schneidet die Verbindungslinie der Radmittelpunkte $O_1 O_2$ im Wälzpunkt C. Kreisbogen um O durch C liefern die Wälzkreise, die hier gleich den Teilkreisen sind. Zu beiden Seiten der Punkte T_1 und T_2 gleich große, möglichst kleine Teilstrecken sowohl auf der Eingriffslinie $T_1\,C\,T_2$ als auch auf den Grundkreisen auftragen. Tangenten an die Grundkreise in den Punkten $1', 2' \ldots 11', 12' \ldots$ legen und von diesen die entsprechenden Strecken $\overline{1C}, \overline{2C}, \ldots \overline{11C}, \overline{12C} \ldots$ abtragen. Die jeweiligen Endpunkte dieser Tangenten sind Evolventenpunkte (für $3'$, $13'$ eingezeichnet). Die Evolvente kann auch als Einhüllende der Kreisbogen um die Punkte $1', 2' \ldots$ mit $\overline{1C}, \overline{2C} \ldots$ gezeichnet werden.

Die Evolvente reicht vom Kopfkreis (Zahnkopfhöhe h_{k0}) bis zum Grundkreis. Ist Grundkreisradius $r_g >$ Fußkreisradius r_f, dann ist noch eine Anschlußkurve zwischen Evolvente und Fußkreis nötig, die außerhalb der Kopfbahnkurve verlaufen muß, weil sie nie zum Eingriff kommen und daher höchstens in den Punkten $X_1 X_2$ tangierend an die Evolvente anschließen darf. In X_1, X_2 beginnt bzw. endet der Eingriff auf den Fußflanken (vgl. Abschn. 9). Die Kopfkreise

---

[1] Hier gilt: Wälzkreisradius = Teilkreisradius (s. Abschn. 28, 30).

müssen die Eingriffslinie noch innerhalb der Punkte T_1, T_2 schneiden, es muß Eingriffsstrecke $ACE < T_1CT_2$ sein, sonst entsteht fehlerhafter Eingriff (s. Abschn. 24).

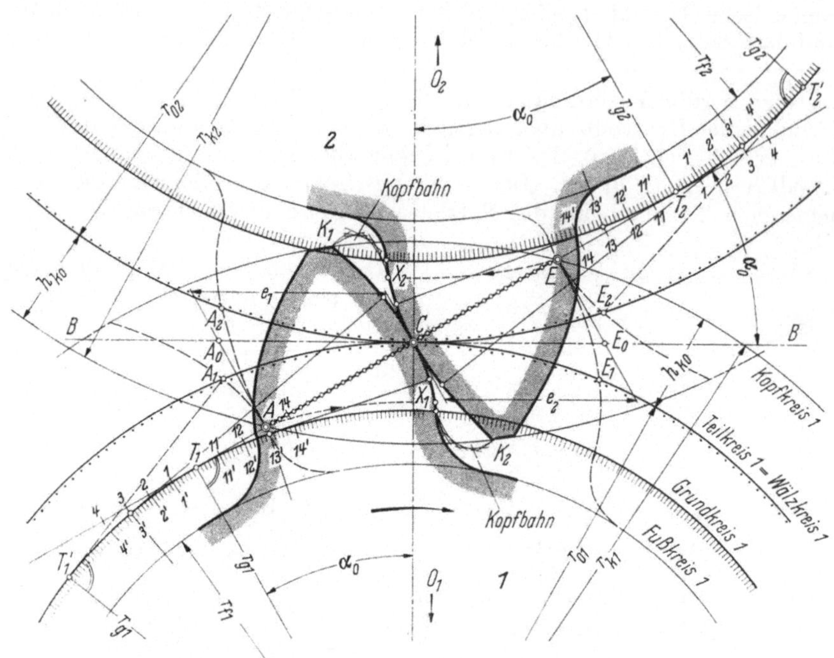

Bild 17. Konstruktion der Evolventenverzahnung (Nullgetriebe).

19. Eingriffsbogen, Eingriffslänge, Profilüberdeckung. Zwischen Beginn und Ende des Eingriffs eines Zahnes wird die Eingriffsstrecke $\overline{ACE}$ (Bild 17) durchlaufen. Die ihr entsprechenden *Eingriffsbogen* auf den Wälzkreisen sind $\overparen{A_1CE_1} = \overparen{A_2CE_2}$.

Dem Bogen $\overparen{A_1C}$ auf dem Wälzkreis 1 entspricht auf dem Grundkreis 1 der Bogen $\overparen{T_1'T_1}$ und auf der Eingriffslinie die Strecke $\overline{AC}$. Aus Bild 17 folgt weiter:

$$\frac{\overparen{T_1'T_1}}{r_{g1}} = \frac{\overline{AC}}{r_{g1}} = \frac{\overparen{A_1C}}{r_{01}} \;;\quad \text{daraus}\quad \overline{AC} = \overparen{A_1C}\,\frac{r_{g1}}{r_{01}} = \overparen{A_1C}\cdot\cos\alpha_0 \,,$$

$$\frac{\overparen{T_2T_2'}}{r_{g2}} = \frac{\overline{CE}}{r_{g2}} = \frac{\overparen{CE_2}}{r_{02}} \;;\quad \text{daraus}\quad \overline{CE} = \overparen{CE_2}\,\frac{r_{g2}}{r_{02}} = \overparen{CE_2}\cdot\cos\alpha_0 \,.$$

Durch Addieren von $\overline{AC}$ und $\overline{CE}$ ergibt sich

$$\textit{Eingriffsbogen}\ \overparen{A_1CE_2} = \frac{\text{Eingriffsstrecke}\ \overline{ACE}}{\cos\alpha_0} = \textit{Eingriffslänge}\ \overline{A_0CE_0} = e = e_1 + e_2 \,.$$

$$\textit{Profilüberdeckung}\ \varepsilon = \frac{\text{Eingriffsbogen}}{\text{Teilung}\ t_0} = \frac{\text{Eingriffslänge}}{\text{Teilung}\ t_0} = \frac{\text{Eingriffsstrecke}}{\text{Teilung}\ t_0\cdot\cos\alpha_0} \,.$$

Der Ausdruck $t_0\cdot\cos\alpha_0$ ist die *Grundkreisteilung* t_g. Sie ergibt sich aus $2\,r_g\,\pi = 2\,r_0\cdot\cos\alpha_0\,\pi = t_g\cdot z$ und $t_0\cdot z = 2\,r_0\cdot\pi$ (s. Bild 14). Sie ist gleich der

Eingriffsteilung t_e, welche die Entfernung zweier benachbarter gleichgerichteter Flanken auf der Eingriffslinie ist (s. Bild 20). Damit folgt die *Profilüberdeckung*:

$$\varepsilon = \frac{\text{Eingriffsstrecke}}{\text{Eingriffsteilung}} = \frac{\overline{ACE}}{t_e}.$$

20. Spezifische Gleitung. Nach Bild 18 lassen sich die tangentialen Geschwindigkeitskomponenten w_1 und w_2 der momentanen Umfangsgeschwindigkeiten v_1 und v_2 im beliebigen Berührungspunkt P der Flanken durch die Flankenkrümmungsradien und die Winkelgeschwindigkeiten ausdrücken.

Aus der Ähnlichkeit der Dreiecke $\triangle PGJ \sim \triangle O_1T_1P$ und $\triangle PGH \sim \triangle O_2T_2P$ (s. auch Bild 2) ergibt sich: $\dfrac{w_1}{v_1} = \dfrac{\varrho_1}{r_1}$ und $\dfrac{w_2}{v_2} = \dfrac{\varrho_2}{r_2}$. Mit $v = r\,\omega$ ergibt sich für die Gleitgeschwindigkeiten:

$$w_1 = \frac{v_1}{r_1}\varrho_1 = \omega_1\varrho_1$$

und

$$w_2 = \frac{v_2}{r_2}\varrho_2 = \omega_2\varrho_2.$$

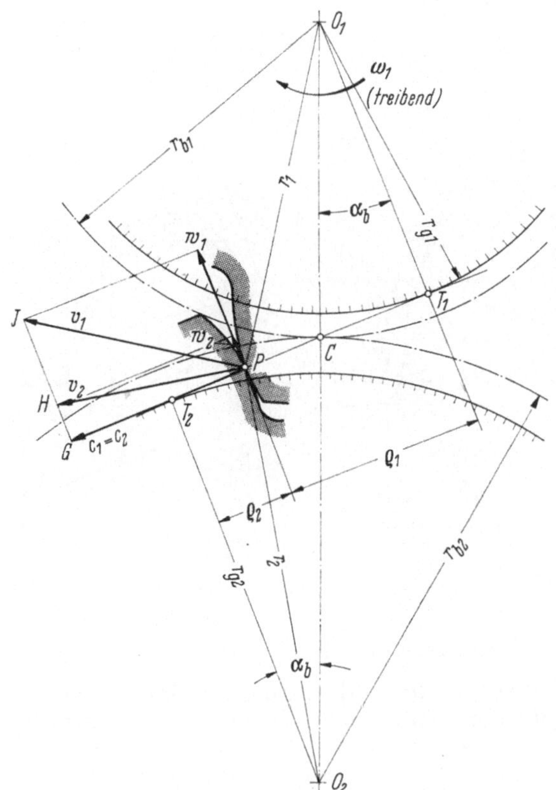

Bild 18. Gleitgeschwindigkeiten w_1 und w_2.

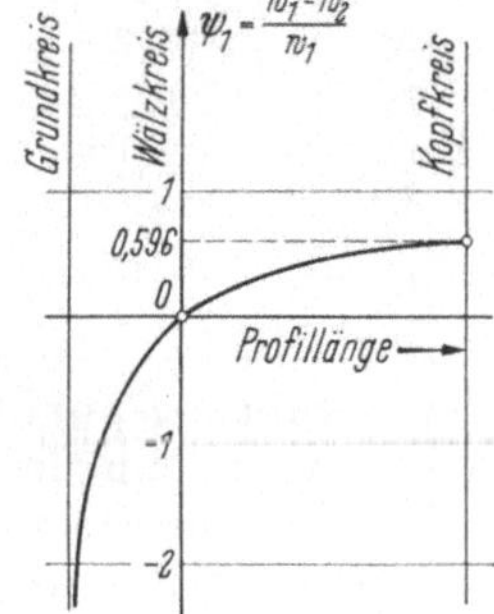

Bild 19. Spezifische Gleitung ψ_1 für ein Getriebe mit $z_1 = 15$, $z_2 = 51$, $\alpha_0 = 20°$, $x_1 = x_2 = 0$; $y = 1$.

Die *spezifische Gleitung* (vgl. Abschn. 11) (auch Schlupf genannt) ist damit für das
Rad *1*:

$$\psi_1 = \frac{w_1 - w_2}{w_1} = \frac{\varrho_1\,\omega_1 - \varrho_2\,\omega_2}{\varrho_1\,\omega_1} = \frac{\varrho_1 - \varrho_2\dfrac{\omega_2}{\omega_1}}{\varrho_1} = \frac{\varrho_1 - \varrho_2\dfrac{z_1}{z_2}}{\varrho_1}, \tag{8}$$

Rad *2*:

$$\psi_2 = \frac{w_2 - w_1}{w_2} = \frac{\varrho_2\,\omega_2 - \varrho_1\,\omega_1}{\varrho_2\,\omega_2} = \frac{\varrho_2 - \varrho_1\dfrac{\omega_1}{\omega_2}}{\varrho_2} = \frac{\varrho_2 - \varrho_1\dfrac{z_2}{z_1}}{\varrho_2}. \tag{9}$$

Die Krümmungsradien ϱ der Evolventenflanke wachsen mit zunehmender Entfernung vom Grundkreis, ausgehend vom Wert $\varrho = 0$ auf dem Grundkreis selbst (s. Bild 13). Die Werte der spezifischen Gleitung sind darum für einen auf dem Grundkreis *1* liegenden Eingriffspunkt. $\psi_1 = -\infty$, $\psi_2 = 1$. Daraus ergibt sich, daß die in der Nähe des Grundkreises liegenden Flankenteile für den Eingriff nicht herangezogen werden sollten (s. Abschn. 31). Bild 19 zeigt die spezifische Gleitung ψ_1 über der abgewickelten Profillänge für ein Nullgetriebe mit $z_1 = 15$, $z_2 = 51$.

21. Zahnstangenprofil, Bezugsprofile. Die Zahnstange ist ein Zahnrad mit unendlich großem Teilkreisradius. Damit wird

$$r_{g2} = r_{02} \cdot \cos\alpha_0 = \infty \quad \text{und} \quad z_2 = \frac{2 \cdot r_{02}}{m} = \infty .$$

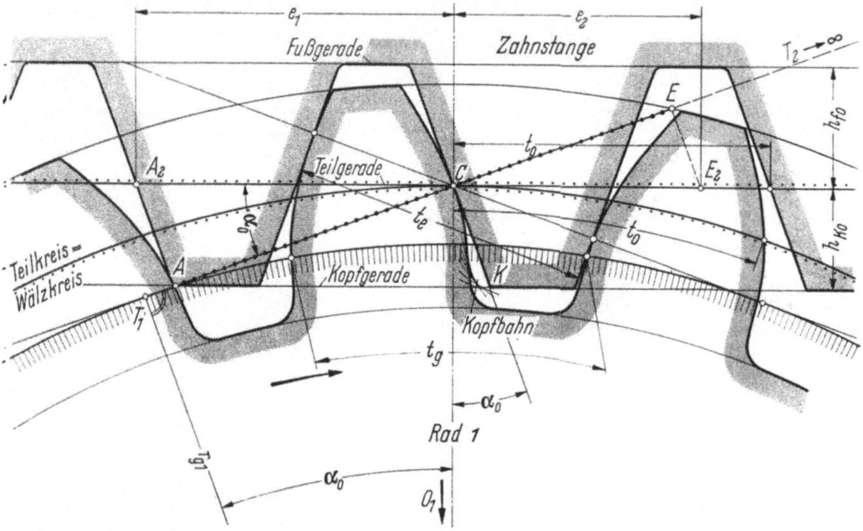

Bild 20. Zahnstangengetriebe (mit Nullrad).

Da der Berührungspunkt T_2 (Bild 20) der unter dem Eingriffswinkel α_0 geneigten Eingriffsgeraden mit dem unendlich großen Grundkreis ebenfalls im Unendlichen liegt, ist die Zahnstangenevolvente eine senkrecht zur Eingriffsgeraden geneigte Gerade und die Zahnflanken werden Ebenen. Weil dieses geradflankige Evolventen-Zahnstangenprofil einfach und genau herstellbar ist, dient es als Bezugsprofil für Stirnräder z. B. nach DIN 867 (Bild 21) und nach DIN 58 400 (Bild 22) sowie für die entsprechenden Bezugsprofile der Verzahnwerkzeuge nach DIN 3972 (Bild 23).

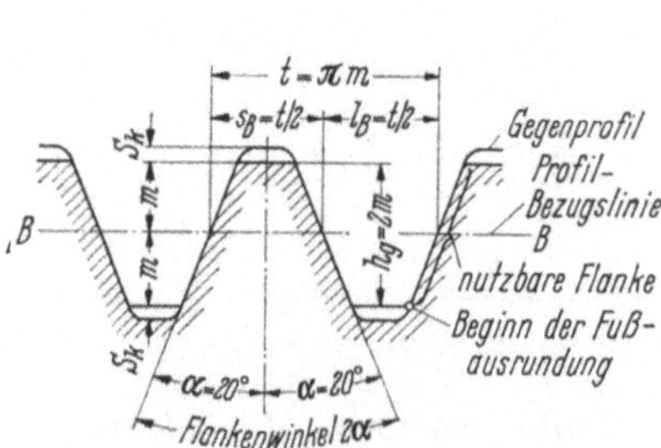

Bild 21. Bezugsprofil für Stirnräder mit Evolventenverzahnung für den allgemeinen Maschinenbau nach DIN 867.

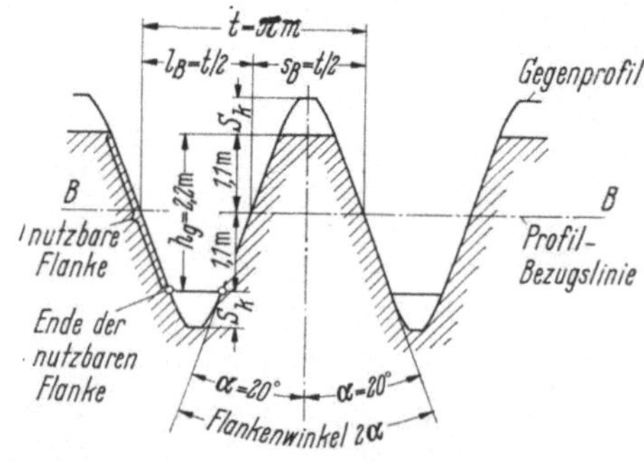

Bild 22. Bezugsprofil für Stirnräder mit Evolventenverzahnung für die Feinwerktechnik nach DIN 58 400.

Das *Bezugsprofil für den allgemeinen Maschinenbau* nach DIN 867 (Bild 21) ist gekennzeichnet durch einen Flankenwinkel $2\,\alpha = 2 \cdot 20°$, eine Kopfhöhe $h_k = 1 \cdot m$ und eine Fußhöhe $h_f = 1 \cdot m + S_k$. Das Kopfspiel S_k beträgt $0,1 \cdot m$ bis $0,3 \cdot m$ und ist abhängig vom Herstellverfahren und von Sonderbedürfnissen. Die gemeinsame Zahnhöhe bei Paarung mit dem Gegenprofil beträgt $h_g = 2 \cdot m$. Auf der Profil-Bezugslinie ist das Nennmaß der

Zahndicke s_B = Nennmaß der Lückenweite $l_B = \dfrac{t}{2} = \dfrac{m\,\pi}{2}$.

Das *Bezugsprofil für die Feinwerktechnik* nach DIN 58400 (Bild 22) soll vorzugsweise für Stirnräder mit Modul 0,1 bis 1 mm angewendet werden. Der Flankenwinkel $2\,\alpha$ beträgt ebenfalls $2 \cdot 20°$, die Kopfhöhe jedoch $h_k = 1,1 \cdot m$ und die Fußhöhe $h_f = 1,1 \cdot m + S_k$, wobei das Kopfspiel mit Rücksicht auf ausreichenden Platz für Ablagerungen von Staub und Schmutz abhängig vom Modul nach der folgenden Tabelle gewählt wird:

Die gemeinsame Zahnhöhe bei Paarung mit dem Gegenprofil beträgt $h_g = 2,2 \cdot m$.

Modul m mm	Kopfspiel S_k mm
0,1...0,6	0,4 · m
über 0,6	0,25 · m

Die *Werkzeug-Bezugsprofile* nach DIN 3972[1] (Bild 23) unterscheiden sich vom Bezugsprofil nach DIN 867 im wesentlichen dadurch, daß sie eine um das Kopfspiel größere Kopfhöhe h_{kw} haben. Sie ist bei den für verschiedene Bearbeitungsstufen (Vorbearbeitung-Fertigbearbeitung) vorgesehenen vier Werkzeug-Bezugsprofilen unterschiedlich. So sind die Bezugsprofile I und II für die Fertigbearbeitung vorgesehen. Sie unterscheiden sich nur durch das Kopfspiel (s. Bild 23). Die Bezugsprofile III und IV für die Vorbearbeitung ergeben beim Rad (Werkstück) eine um die Bearbeitungszugabe für die Fertigbearbeitung vergrößerte Zahndicke im Teilkreis.

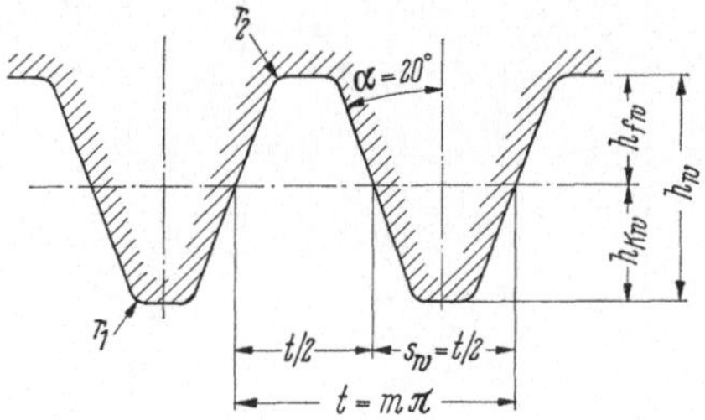

Bild 23. Bezugsprofil der Verzahnwerkzeuge nach DIN 3972 für Evolventenverzahnungen nach DIN 867.

Bezugsprofile:

I: $h_{kw} = 1,167\,m$; $h_w \geq 2,367\,m$.

II: $h_{kw} = 1,25\,m$; $h_w \geq 2,45\,m$.

III: $h_{kw} = 1,25\,m$; $+ 0,25\,\sqrt[3]{m}$; $h_w \geq 2,45\,m$.

IV: $h_{kw} = 1,25\,m$; $+ 0,6\,\sqrt[3]{m}$; $h_w \geq 2,45\,m$.

22. Zahnhöhenfaktor. Die nach DIN 867 festgelegte Normalverzahnung weist eine gemeinsame Zahnhöhe $h_g = 2\,y\,m = 2 \cdot m$ (s. Bild 21) auf. Hier ist der *Zahnhöhenfaktor* $y = 1$. Verzahnungen mit $y < 1$ bezeichnet man als *Stumpfverzahnungen*. Es ergeben sich gedrungene Zähne hoher Tragfähigkeit, die Profilüberdeckung ist jedoch klein. Anwendung bei hochbelasteten Getrieben mit eingeschränkten Anforderungen an die Geräuscharmut sowie bei Zahnnaben- und Zahnwellenprofilen nach DIN 5480. Verzahnungen mit $y > 1$ heißen *Hochverzahnungen*.

Hier ergeben sich große Profilüberdeckungen, jedoch liegt die Grenzzähnezahl (s. Abschn. 26) hoch und es ergeben sich Bearbeitungsschwierigkeiten, weil die Zähne „federn". Anwendung bei Getrieben, an deren Geräuscharmut hohe Anforderungen gestellt werden.

23. Eingriffswinkel. Die Normalverzahnung nach DIN 867 weist einen Eingriffswinkel von 20° auf. Bei abweichendem Herstelleingriffswinkel ändern sich verschiedene Eigenschaften eines Getriebes: Eine Vergrößerung des Herstelleingriffswinkels (und damit des Betriebseingriffswinkels[2]) vermindert die Grenz-

---

[1] Von der Norm abweichende Profilformen werden z. B. vorgesehen, wenn Werkzeuge zur Vorbearbeitung am Fuß des Rades einen kleinen Unterschnitt erzeugen sollen, damit der Zahngrund von der nachfolgenden Fertigbearbeitung nicht berührt wird (sogen. Protuberanzwerkzeuge) (s. [6]). Ferner werden Änderungen an der Profilform vorgesehen, wenn eine Kopf- oder Fußrücknahme (s. Abschn. 25) gewünscht wird.

[2] Im allgemeinsten Fall sind Werkzeug-, Herstell- und Betriebseingriffswinkel nicht gleich.

zähnezahl, sie läßt die Zahnfuß- und Zahnflankenfestigkeit steigen und es ergeben sich günstigere Werte für die spezifische Gleitung. Es verkleinern sich aber dabei Profilüberdeckung und Zahndicke am Zahnkopf.

24. Zahnfußkurve, Zahnunterschnitt. Die Evolvente (und damit der eingriffsfähige Teil der Flanke) beginnt am Grundkreis. Der innerhalb des Grundkreises liegende Teil der Fußflanke *2···4* (Bild 24) darf nie zum Eingriff kommen. Kurve *2···3* kann bei Rädern mit großen Zähnezahlen geradlinig radial verlaufen und mit Kreisbogen *3···4* zum Fußkreis anschließen. Die Zähne sind so aber am Fußkreisanschluß eingeschnürt und daher geschwächt. Besser ist eine Kurve, die sich im Punkt X (s. Bild 17) tangierend an die Evolvente anschließt und außerhalb der relativen Kopfbahn des Gegenrades zum Fußkreis läuft. Die zeichnerische Ermittlung dieser Fußanschlußkurve ist nötig, wenn z. B. ein Zahnmodell zum Einformen roh bleibender Zähne oder ein Formfräser herzustellen ist, der die Zahnlücken ausarbeitet. Das Zahnmodell sowie der Formfräser sind ein getreues Bild des Zahnes bzw. der Lücke. Überall dort aber, wo

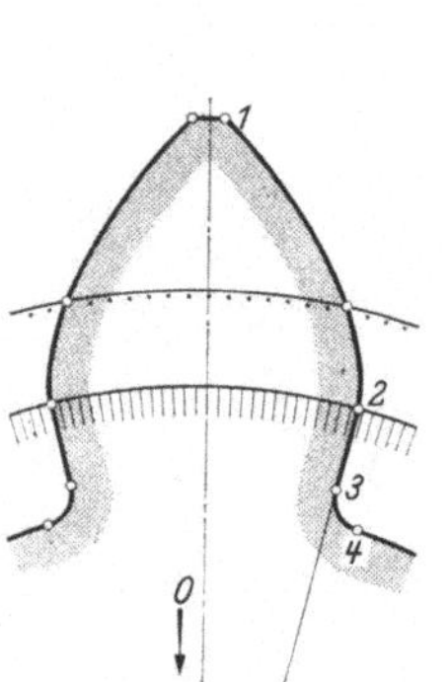

Bild 24. Zahnfußkurve.

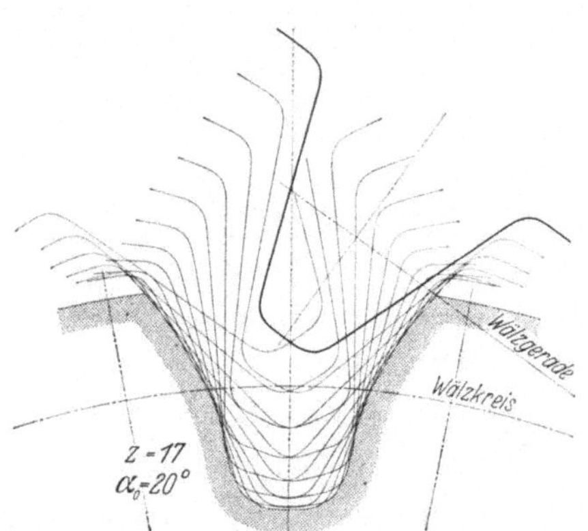

Bild 25. Entstehen der Zahnlücke beim Abwälzen
eines Zahnstangenwerkzeugs.

genaue Zahnflanken und große Wirtschaftlichkeit verlangt werden, wie z. B. in der Reihen- und Massenfertigung, wird die Zahnlücke im Wälzverfahren herausgeschnitten. Dabei kann man zahnstangenartige oder zahnradartige Werkzeuge verwenden. Die zahnstangenartigen Werkzeuge heißen auch Schneidkämme und haben den Vorteil eines geradflankig begrenzten Schneidenprofils. Sie werden als Einzelkamm zum Hobeln und zu mehreren auf einem Zylinder als Mehrfachkamm, der als Abwälzfräser bekannt ist (DIN 8000 und 8002), zum Abwälzfräsen von Stirnrädern eingesetzt. Das zahnradartige Werkzeug heißt Schneidrad (DIN 1825 bis 1828) und hat den Vorteil, daß es Innenverzahnungen und Teilverzahnungen an Segmenten erzeugen kann. Das Schneidrad kann als im Stoßverfahren schneidendes Gegenrad aufgefaßt werden. Alle diese Werkzeuge sind kein getreues Abbild der Zahnlücke. Sie schaffen sich durch ihre Wälzbewegung von selbst den nötigen Raum, indem sie sich freischneiden. Für die Lückenform ist es belanglos, ob nur Werkzeug oder Rad oder auch beide die Wälzbewegung ausführen. Denkt man sich das Rad stillstehend, während sich ein Kammwerkzeug mit seiner Wälzgeraden auf dem Wälzkreis des Rades ohne zu gleiten abwälzt, dann schneiden (Abb. 25) die einzelnen Schneidlagen aus dem Rad zwangsläufig und fortlaufend das aus Evolventenflanken, Fußkurven, Fußausrundungen und Fußkreisanteil zusammengesetzte Lückenprofil heraus. Je mehr Schneidlagen wirken, d. h. je feiner der Vorschub des Werkzeugs erfolgt, desto formgenauer wird das Profil, das in Wirklichkeit als Hüllkurve aller Schneidlagen einen gebrochenen Linienzug darstellt. Bei einem Schneidrad ist es ähnlich. Die von Punkt S' eines scharfkantigen Zahnstangenwerkzeug-Zahnkopfes herausgeschnittene Kurve, die relative Kopfbahn (Bild 26, Strichlinie) ist eine verlängerte Evolvente. Ist die Zähnezahl des Werkstücks klein, dann höhlt diese Kopfkante S' nicht nur den Fuß des Zahnes aus, sondern schneidet auch ein Stück $P'G$ der Evolvente am Grundkreis weg, so daß die Evolvente nur mehr von K bis P' reicht. Dreht man die so gefundene Zahnflanke $KCP'F'$ samt der Zahnstangenflanke genau um eine Teilung nach links, also in die Lage

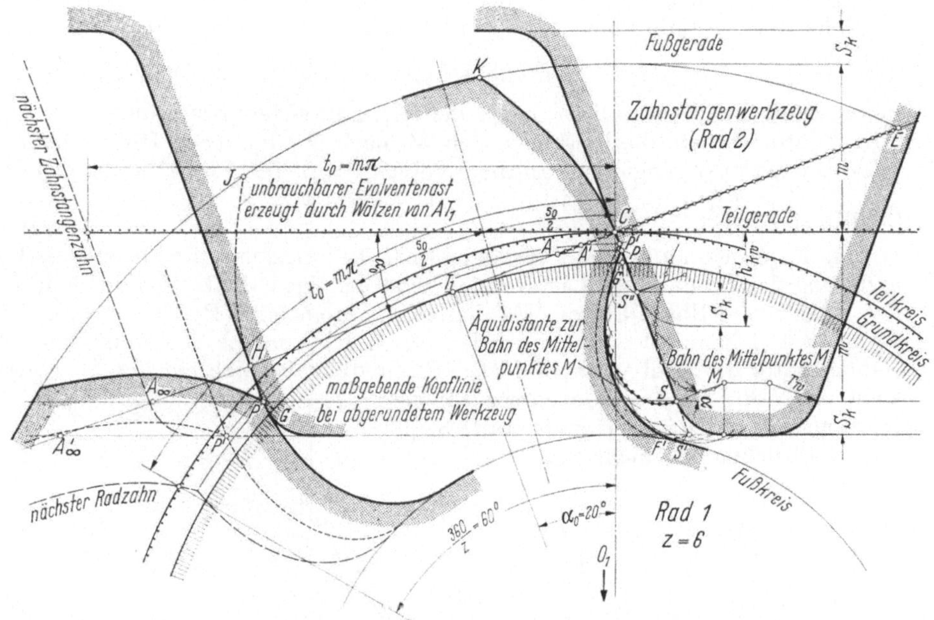

Bild 26. Unterschnitt durch Zahnstangenwerkzeug mit Kopfhöhe $h_{kw} = m + S_k$.
 — — — Unterschnittskurve des scharfkantigen Werkzeugs (mit Ecke S').
 ———— Unterschnittskurve des mit Radius r_w abgerundeten Werkzeugs.
 —·—·— Kopfbahn einer eingreifenden Zahnstange mit normaler Kopfhöhe $h_{k0} = m$
 (deckt sich im oberen Teil mit der ————-Kurve).
 · · · · · · Kopfbahn eines eingreifenden Zahnstangenwerkzeugs mit Kopfhöhe h'_{kw}.

des benachbarten Zahnes, dann ergibt sich, daß der Beginn des Eingriffs zwischen Zahnstange und Zahnradflanke nicht wie erwartet in A'_∞, dem Schnittpunkt zwischen der Eingriffsgeraden und Zahnstangenkopfgeraden liegen kann, weil sich dort die Flanken gar nicht berühren. Erst im Punkt P' (Schnittpunkt der Kopfgeraden mit Kreisbogen durch P') berühren sich zum erstenmal Zahnstangeneckpunkt S' und Zahnradflanke, d. h. P' wird als erster Punkt der fertigen Zahnflanke ausgeschnitten, er ist zugleich Evolventenend- und Fußkurvenanfangspunkt. Beim Weiterwälzen nach rechts beginnt das Aushöhlen, Unterschneiden des Fußes (von P' bis F'), dem sich viel später (von A' an) das Ausschneiden der Evolvente von P' bis K anschließt. (Die Evolvente GHJ ist ein Spiegelbild der später wirklich entstehenden Evolvente GCK, das im Innern der Lücke laufend nur durch eine körperlose Schneidenlinie entstehen könnte, vom Werkzeug aber stets weggeschnitten wird.) Dieser *Unterschnitt* ist *schädlich*, wenn Evolvententeile, die den Eingriff verbessern könnten, weggeschnitten werden, wenn also die Eingriffsstrecke verkürzt wird. Hier liegt der Eingriffsbeginn wegen der nur bis P' reichenden Evolvente im Punkt A', das Ende in E. Die Profilüberdeckung im Beispiel Bild 26 ist mit $\varepsilon' = \dfrac{\overline{A'CE}}{t_g} = 0,69$ ungenügend.

Erhält das Zahnstangenwerkzeug, wie stets üblich, eine Kopfabrundung, die sich tangierend an seine gerade Flanke anschließt[1], dann ist der Anschlußpunkt S der letzte Punkt der Zahnstangen-Geradflanke, der noch Evolventen schneiden kann. An Stelle der Kopfgeraden bei scharfer Kopfkante S' tritt die maßgebende Kopflinie durch S. Sie räumt den Zahnfuß entsprechend der Kopfbahn des Abrundungsbogens weniger tief aus. Der Unterschnitt wird geringer, P wird Evolventenendpunkt, A Eingriffsbeginn und die Profilüberdeckung wird $\varepsilon = \dfrac{\overline{ACE}}{t_g} = 0,74$. Hätte das Zahnstangenwerkzeug nur eine Kopfhöhe h'_{kw}, deren maßgebende Kopflinie durch den Grundkreisberührungspunkt T_1 durchginge, dann verliefe die Fußkurve von S'' nach G ohne jeden Unterschnitt und schlösse sich in G tangierend an die Evolvente an. Die Profilüberdeckung wäre dann: $\varepsilon'' = \dfrac{\overline{T_1 E}}{t_g} = 0,96$.

25. Kopfrücknahme und Fußrücknahme. Teilungsfehler und elastische Formänderung der Zähne unter Last können zu stoßartigem Auftreffen der Kopfkante des getriebenen Rades auf der Fußflanke des treibenden Rades führen[2]. Dieser Eingriffsstoß kann vermindert werden durch Rücknahme der Kopf- oder Fußflanke hinter die Evolvente (Bild 27). Es entsteht dadurch ein Flankeneintrittsspiel. DIN 867 sieht im Gegensatz zu ausländischen Normen über Bezugsprofile Kopf- oder Fußrücknahme nicht vor[3].

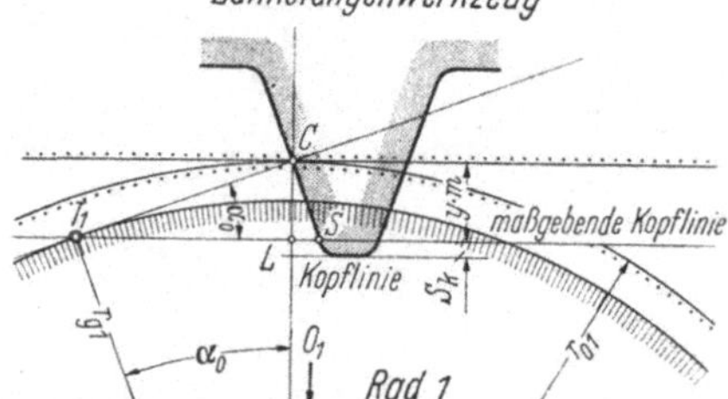

<table>
<tr><td>Bild 27. Kopfrücknahme
und Fußrücknahme.</td><td>Bild 28. Grenzzähnezahl eines Zahnrades 1, bestimmt
durch Punkt T_1 bei Herstellung
mit Zahnstangenwerkzeug.</td></tr>
</table>

26. Grenzzähnezahl. Unterschnitt bzw. ungenügende Profilüberdeckung verschwinden trotz Verwendung eines *Zahnstangenwerkzeugs* (Schneidkamm und Abwälzfräser) mit normaler Kopfhöhe $(m + S_k)$ sofort, wenn beim Werkzeug mit scharfer Kopfkante S' der Punkt T_1 nach A'_∞, beim Werkzeug mit Kopfabrundung der Punkt T_1 nach A_∞ rückt (Bild 26). Dann ist nach Bild 28:

$$\overline{CL} = \overline{T_1 C} \sin \alpha_0 = r_{01} \sin^2 \alpha_0 = z_1 \cdot \frac{m}{2} \sin^2 \alpha_0 = y\, m$$ und die erforderliche *Mindestzähnezahl*[4]

$$z_1 = \frac{2\, y}{\sin^2 \alpha_0} = z_g \,. \tag{10}$$

---

[1] In Bild 26 wurde die Kopfabrundung des Werkzeugs mit $r_w = \dfrac{S_k}{1 - \sin \alpha_0}$ ausgeführt. Auch DIN 867 empfiehlt, r_w abhängig vom Kopfspiel zu wählen ($0,25 \cdot m$ bis $0,45 \cdot m$).

[2] Die Biegung eines im Eingriff befindlichen Zahnes vom treibenden Rad verkleinert die Teilung zum nachfolgenden Zahn, die Biegung eines Zahnes vom getriebenen Rad vergrößert sie. Sinngemäß wirken sich Teilungsfehler aus.

[3] Empfehlungen für die Größe der Kopfrücknahme finden sich in [10].

[4] Gültig bei Herstellung der Räder mittels Zahnstangenwerkzeugs.

Diese Mindestzähnezahl bezeichnet man als (*theoretische*) *Grenzzähnezahl* z_g, das Rad selbst als (theoretisches) *Grenzrad*, weil bei jeder kleineren Zähnezahl unbedingt Unterschnitt auftritt. Ob dieser schädlich auf den Eingriff wirkt, zeigt erst die Bestimmung von ε für ein gegebenes Getriebe. Im allgemeinen ist ein geringer Unterschnitt unschädlich. Man führt darum als *praktische Grenzzähnezahl* ein

$$z_g' = \frac{5}{6}\,z_g\,. \tag{11}$$

Für die Normalverzahnung nach DIN 867 wird bei $y = 1$ und $\alpha_0 = 20°$ die theoretische Grenzzähnezahl

$$z_g = \frac{2}{\sin^2 20°} = 17{,}097 \approx 17 \text{ und die praktische Grenzzähnezahl } z_g' = \frac{5}{6}\,z_g = \frac{5}{6}\cdot 17 \approx 14\,.$$

Werden die Lücken durch ein *Zahnradwerkzeug* (Schneidrad) im Wälzverfahren herausgeschnitten, dann tritt an Stelle der maßgebenden Kopflinie des Zahnstangenwerkzeugs der maßgebende Kopfkreis des Schneidrades. Außerdem unterscheidet sich die vom Schneidrad geschnittene Kopfbahnkurve um so mehr von der des Zahnstangenwerkzeugs, je kleiner die Zähnezahl des Schneidrades ist. Von Schneidrädern verzahnte Räder können nur mit Normalzahnstangen zusammenarbeiten, wenn der maßgebende Kopfkreis des Schneidrades die Eingriffslinie mindestens im gleichen Punkt A_∞ trifft, wie die maßgebende Zahnstangenkopfgerade (Bild 29).

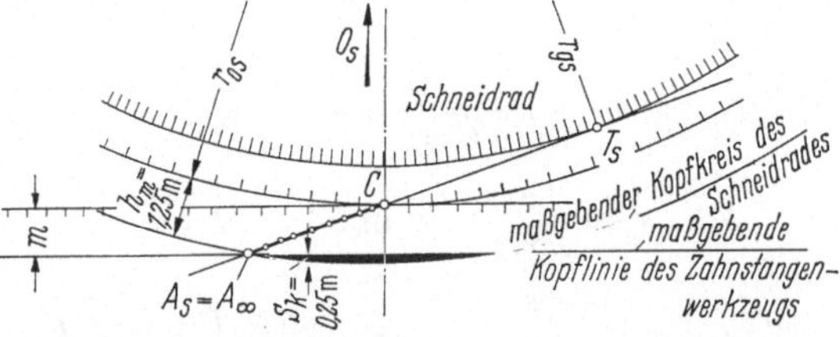

Bild 29. Schneidrad mit $\alpha_0 = 20°$; $z_s = 28$; $h_{kw} = h_m = 1{,}25\cdot m$ und Zahnstangenwerkzeug mit $\alpha_0 = 20°$; $y = 1$ schneiden gleiche Fußflankeneingriffsstrecke $CA_\infty = CA_s$.

Dies ist nur möglich, wenn die Schneidräder eine größere maßgebende Kopfhöhe h_m erhalten als die Schneidkämme und Abwälzfräser. Bei einer maßgebenden Kopfhöhe des Schneidrades von $h_m = 1\cdot m$ würde ein gestoßenes Rad nur mit Rädern paarbar sein, deren Zähnezahl kleiner oder gleich der des Schneidrades ist. Die Norm legt für die Schneidräder nach DIN 1825 bis 1828 die Kopfhöhe für $\alpha_0 = 20°$ mit $h_{kw} = 1{,}25\cdot m$ fest. Dadurch wird erreicht, daß wenigstens alle Schneidräder mit 28 und mehr Zähnen noch das volle Bezugsprofil nach DIN 867 auswälzen und Räder liefern, die mit beliebigen anderen durch Zahnstangenwerkzeug erzeugten zusammenarbeiten können.

Die Grenzzähnezahl z_g der mit Schneidrad verzahnten Räder hängt ab von dessen Zähnezahl z_s (Bild 29) und seinem Herstell-Eingriffswinkel α_0. Sie würde bei $\alpha_0 = 20°$ merklich unter die Zahl 17 sinken, wenn die maßgebende Schneidradkopfhöhe wie bei einem Zahnstangenwerkzeug mit $h_m = 1\cdot m$ bemessen wäre. Wegen des vorgeschriebenen höheren Zahnkopfes $h_{kw} = h_m = 1{,}25\cdot m$ vergrößert sie sich aber wieder, so daß praktisch zwischen den Grenzzähnezahlen der mit Zahnstangenwerkzeugen und Schneidrad hergestellten Räder kein wesentlicher Unterschied bestehen bleibt.

Werden schließlich die Lücken durch einen *Scheibenformfräser* (Zahnlückenfräser) im Teilverfahren geschnitten, dann muß bei allen Zähnezahlen $z < z_g$ (< 17 bei Verzahnungen nach DIN 867) der Fräser vom Evolventenfußpunkt so viel wegnehmen, daß 1. eine Zahnstange ungehindert eingreifen kann und 2. die Zahnlücke sauber ausgeschnitten wird. An die Evolvente und an die wegen des gewünschten Zahnstangeneingriffs erforderliche Kopfbahn wird eine Übergangskurve angeschlossen, welche die Evolvente meist noch mehr verkürzt.

Dadurch und weil man nicht für jede Zähnezahl einen besonderen Fräser anschaffen will, entstehen Abweichungen von der reinen Evolventenverzahnung, die bewirken, daß formgefräste und abgewälzte Räder kleiner Zähnezahlen schlecht zusammenpassen. Das Teilverfahren mit Formfräser ist heute nur noch im Kleinbetrieb, in der Uhrenindustrie, beim Vorfräsen großer und Fertigfräsen größter Teilungen üblich.

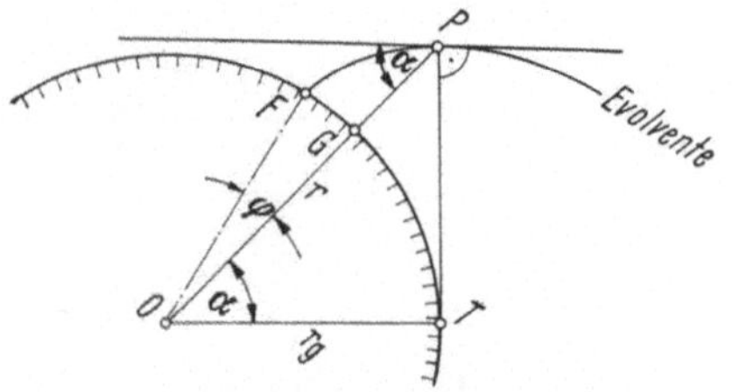

Bild 30. Geometrische Beziehungen an der Evolvente.

27. Begriff der Evolventenfunktion. Der Winkel zwischen dem Mittelpunktsstrahl $r = \overline{OP}$ zu einem beliebigen Punkt P der Evolvente und der Strecke $\overline{OT} = r_g$ (Bild 30) ist gleich dem Pressungswinkel α (s. Abschn. 4 und Bild 2, Winkel zwischen Tangente an Evolvente im Punkt P und Mittelpunktsstrahl zu P).

Aus Bild 30 ergibt sich:

$$r = \frac{r_g}{\cos \alpha} \quad \text{und} \quad \widehat{FT} = \overline{PT} = r_g \cdot \tan \alpha ,$$

$$\widehat{FG} = \widehat{FT} - \widehat{GT} = r_g \cdot \tan \alpha - r_g \cdot \widehat{\alpha} = r_g \cdot \widehat{\varphi} .$$

$$r = \frac{r_g}{\cos \alpha} \quad \text{und} \quad \widehat{\varphi} = \tan \alpha - \widehat{\alpha}$$

sind die Gleichungen der Evolvente, die hier stets als Kreisevolvente verstanden wird, in Polarkoordinaten mit dem Pressungswinkel α als Parameter.

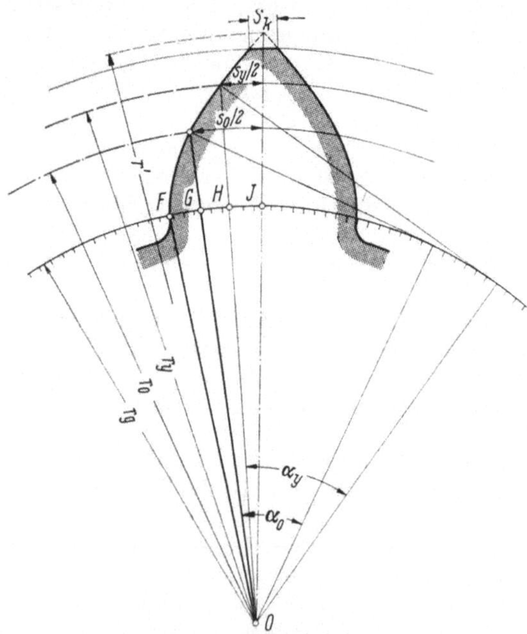

Bild 31. Berechnung der Zahndicke.

Den Bogen $\widehat{FG} = \widehat{\varphi}$ für $r_g = 1$ bezeichnet man als *Evolventenfunktion* ev α (sprich „evolut" α). Werte der Evolventenfunktion s. Tab. 3 (S. 61).

Mit Hilfe der Evolventenfunktion läßt sich die Zahndicke s_y (als Bogenlänge)für beliebige Radien r_y ermitteln (Bild 31):

Es ist

$$\widehat{FG} = r_g \, \text{ev} \, \alpha_0 \quad \text{und} \quad \widehat{FH} = r_g \, \text{ev} \, \alpha_y.$$

Damit wird

$$\widehat{GH} = \widehat{FH} - \widehat{FG} = r_g \, (\text{ev} \, \alpha_y - \text{ev} \, \alpha_0).$$

Weiter ergibt sich aus Bild 31:

$$\frac{\widehat{GJ}}{s_0/2} = \frac{r_g}{r_0} \quad \text{und} \quad \frac{\widehat{HJ}}{s_y/2} = \frac{r_g}{r_y} .$$

Da $\widehat{GJ} = \widehat{GH} + \widehat{HJ}$, ergibt sich aus den letzten 3 Gleichungen:

$$\frac{s_0}{2 \, r_0} \cdot r_g = r_g \, (\text{ev} \, \alpha_y - \text{ev} \, \alpha_0) + \frac{s_y}{2 \, r_y} \cdot r_g .$$

Hieraus folgt die *Zahndicke s_y für den beliebigen Radius r_y* zu

$$s_y = 2 \cdot r_y \left(\frac{s_0}{2\,r_0} + \mathrm{ev}\,\alpha_0 - \mathrm{ev}\,\alpha_y \right). \tag{12}$$

Der Winkel α_y folgt wegen $r_g = r_0 \cos\alpha_0 = r_y \cdot \cos\alpha_y$ aus

$$\cos\alpha_y = \frac{r_0}{r_y} \cos\alpha_0 . \tag{13}$$

Wegen Zahndicke s_0 im Teilkreis s. Abschn. 28 und Gl. (16).

Der Radius r', bei dem der Zahn spitz wird ($s_k = 0$, s. Bild 31), ergibt sich damit aus Gl. (13) zu

$$r' = r_0 \frac{\cos\alpha_0}{\cos\alpha'}, \tag{14}$$

wobei der Pressungswinkel α' aus Gl. (12) bestimmbar ist:

$$\mathrm{ev}\,\alpha' = \frac{s_0}{2\,r_0} + \mathrm{ev}\,\alpha_0 . \tag{15}$$

28. Räder mit Profilverschiebung. Man bezeichnet ein Rad als *Nullrad*, wenn die Profilbezugslinie des Bezugsprofils den Teilkreis berührt und als *V-Rad*, wenn sie den Teilkreis nicht berührt, sondern radial um den Betrag der *Profilverschiebung* verschoben ist. Diesen Betrag gibt man durch den *Profilverschiebungsfaktor x* in Teilen des Moduls an: Profilverschiebung um $x \cdot m$. Dabei kann x positiv oder negativ sein, je nachdem, ob die Verschiebung nach außen oder innen, d. h. vom Radmittelpunkt weg oder zu ihm hin, erfolgte. Sinngemäß unterscheidet man V_{plus}- und V_{minus}-Räder.

Bei der Herstellung der *V*-Räder bleiben die Eingriffsgeschwindigkeiten von Werkzeug und Rad erhalten. Wird mit Zahnstangenwerkzeug gefertigt, so ist die Wälzgeschwindigkeit v_{BB} des Werkzeugprofils in Richtung der Wälzgeraden gleich der Umfangsgeschwindigkeit $v_0 = r_0\,\omega$ des zu schneidenden Rades im Teilkreis. Die Eingriffsgeschwindigkeit des Werkzeugs wird dann zu $v_E = v_{BB} \cdot \cos\alpha_0$ und ist gleich der Umfangsgeschwindigkeit des Rades im Grundkreis $v_g = r_g \cdot \omega = r_0 \cos\alpha_0 \cdot \omega$. Grundkreisradius (und damit die Profilform) und Teilkreisradius (und damit die Zähnezahl) bleiben somit unverändert. Daher bleibt bei Profilverschiebung die Satzrädereigenschaft erhalten. Weil bei radialer Verschiebung des Bezugsprofils die Profilform des Rades unverändert bleibt, d. h. die gleiche Evolvente entsteht, ist die Evolventenverzahnung unempfindlich gegen Achsabstandsfehler.

Der Einfluß der Profilverschiebung auf die Zahnform ist aus Bild 32 ersichtlich:

Positive Profilverschiebung vergrößert die Kopfhöhe h_{k0} und die Zahndicke s_0 im Teilkreis, verkleinert die Fußhöhe h_{f0}, verstärkt den Zahnfuß, macht den Zahn spitzer und läßt Unterschnitt später eintreten. **Negative Profilverschiebung** verringert die Zahnhöhe und die Zahndicke im Teilkreis, vergrößert die Fußhöhe, schwächt den Zahnfuß und läßt Unterschnitt früher eintreten.

Die *Zahndicke s_0* auf dem Teilkreis ergibt sich aus Bild 32 (obere Darstellung: V_{plus}-Rad):

Zahndicke auf der Profil-Bezugslinie $= \overline{FG} = t_0/2$. Zahndicke $\overline{HJ}$ auf der Wälzgeraden $=$ Zahndicke s_0 auf dem Teilkreis. $\overline{HJ} = \overline{FG} + 2\,x\,m\,\tan\alpha_0$.

Damit folgt die Zahndicke

$$s_0 = m \left(\frac{\pi}{2} + 2\,x\,\tan\alpha_0 \right). \tag{16}$$

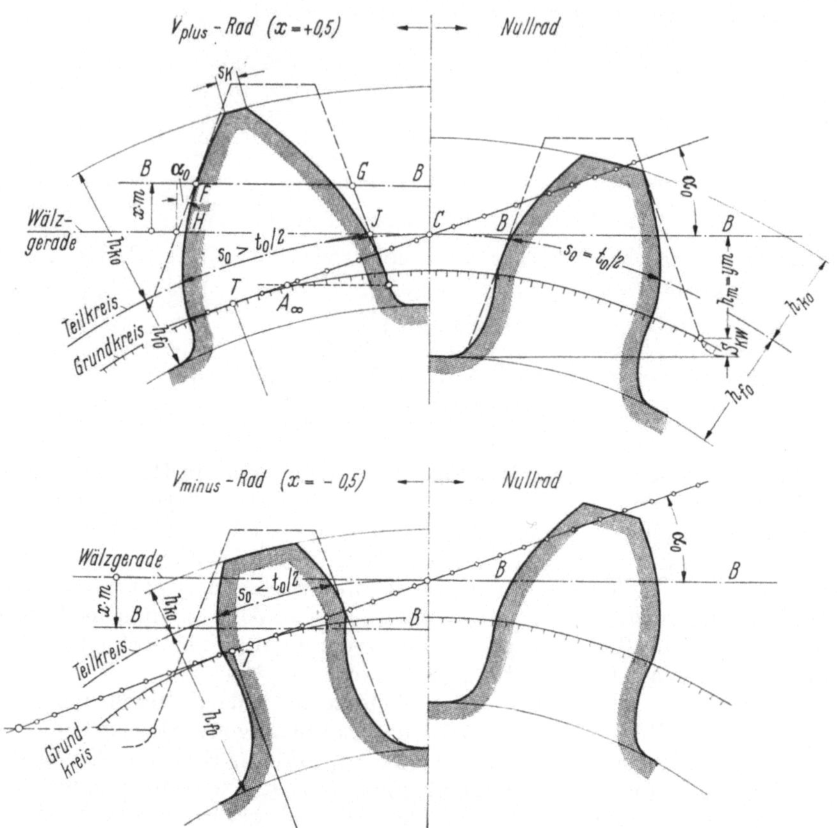

Bild 32. Einfluß der Profilverschiebung auf die Zahnform. Rad mit $z = 12$; $\alpha_0 = 20°$; $y = 1$; $x = +0{,}5$, 0, $-0{,}5$.

Die *Lückenweite* l_0 ergibt sich wegen $s_0 + l_0 = t_0$ (Bild 14) sinngemäß zu

$$l_0 = m \left(\frac{\pi}{2} - 2\,x \tan \alpha_0 \right). \tag{17}$$

Weiter ergibt sich aus Bild 32 (oberer Teil):

Fußhöhe:

$$h_{f0} = h_m - x\,m + S_{kw} = (y - x)\,m + S_{kw}; \text{ mit } S_{kw} = h_{kw} - h_m = h_{kw} - y\,m\,.$$

Fußkreisdurchmesser:

$$d_f = d_0 + 2\,x\,m - 2\,y\,m - 2\,S_{kw} = d_0 + 2\,x\,m - 2\,h_{kw}$$
$$= m\,(z + 2\,x - 2\,y) - 2\,S_{kw}; \tag{18}$$

Kopfhöhe, ohne Kopfkürzung:

$$h_{k0} = y\,m + x\,m = (y + x)\,m = y_{0k}\,m \quad \text{(s. auch Abschn. 30)} \tag{19}$$

mit dem *Kopfhöhenfaktor* des Rades y_{0k};

Kopfkreisdurchmesser:

$$d_k = d_0 + 2\,x\,m + 2\,y\,m = m\,(z + 2\,x + 2\,y)\,. \tag{20}$$

29. Unterschnittgrenze und Spitzengrenze. Da positive Profilverschiebung den Punkt A_∞ (Bild 32) — bei Fertigung mit Schneidrad den Punkt A_s — zum Herstellwälzpunkt C verschiebt, tritt Unterschnitt erst bei Zähnezahlen $z < z_g$ ein. Aus Bild 33 ergibt sich dann diejenige Profilverschiebung, die erforderlich ist, um bei Herstellung mit Zahnstangenwerkzeug Unterschnitt zu vermeiden:

$$\overline{FG} = h_m = y\,m = \text{maßgebende Kopfhöhe des Werkzeugs;}$$

$$\overline{FG} = \overline{FC} + \overline{CG} = x\,m + r_0 \sin^2 \alpha_0 = y\,m\,.$$

Daraus folgt: $x = y - z\,\dfrac{\sin^2 \alpha_0}{2}$ oder $x = y\left(1 - z\,\dfrac{\sin^2 \alpha_0}{2\,y}\right).$

Mit Gl. (10) folgt dann:

$$x = y\left(1 - \frac{z}{z_g}\right).$$

Für die Normalverzahnung nach DIN 867 mit $y = 1$ ist somit der Mindest-Profilverschiebungsfaktor zur vollen Vermeidung von Unterschnitt

$$x = \frac{z_g - z}{z_g}\,. \tag{21}$$

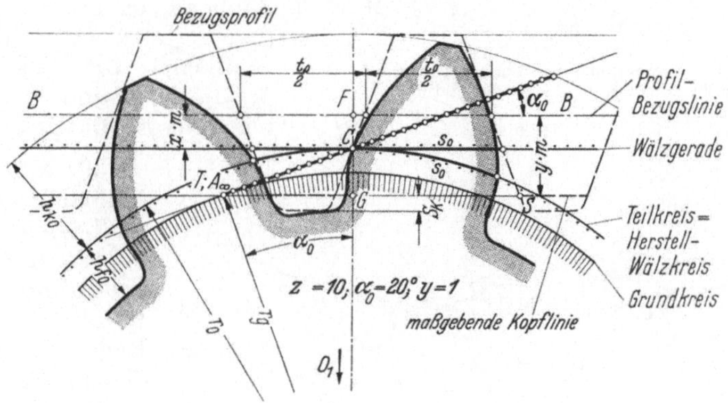

Bild 33. V-Grenzrad.

Soll ein praktisches Grenzrad (vgl. Abschn. 26) entstehen, rechnet man mit $h'_m = \dfrac{5}{6}\,y\,m$ (ohne jedoch diesen Wert aufzuführen!) und erhält

$$x = \frac{5/6\,z_g - z}{z_g} = \frac{z'_g - z}{z_g}\,. \tag{22}$$

Die mit wachsendem Profilverschiebungsfaktor abnehmende *Zahndicke* s_k am *Kopf* (s. Bild 32) begrenzt die Größe positiver Profilverschiebungen nach oben hin. Die kleinste Grenzzähnezahl ist somit durch die *Spitzengrenze* (diejenige Zähnezahl, bei der Spitzenbildung auftritt, d. h. $s_k = 0$ wird) gegeben.

Die Zähnezahl z_k, bei der bei einer bestimmten Profilverschiebung der Zahn spitz wird ($s_k = 0$), läßt sich aus den Gln. (14) und (15) ermitteln:

Mit $2\,r_y = d_k$ und Gl. (20) folgt aus Gl. (14):

$$\frac{d_k}{d_0} = \frac{\cos \alpha_0}{\cos \alpha_k} = \frac{m\,(z_k + 2\,x + 2\,y)}{m\,z_k}\,;\quad \frac{2}{z_k}\,(x + y) = \left(\frac{\cos \alpha_0}{\cos \alpha_k} - 1\right).$$

Damit ergibt sich die Zähnezahl z_k zu

$$z_k = \frac{2\,(x + y)}{\left(\dfrac{\cos \alpha_0}{\cos \alpha_k} - 1\right)}\,. \tag{23}$$

Der Pressungswinkel α_k folgt aus Gl. (12) mit $s_k = 0$ und Gl. (16) aus

$$\frac{m\left(\dfrac{\pi}{2} + 2\,x\,\tan\alpha_0\right)}{m\,z} + \operatorname{ev}\alpha_0 - \operatorname{ev}\alpha_k = 0$$

bzw.

$$\operatorname{ev}\alpha_k = \frac{\dfrac{\pi}{2} + 2\,x\,\tan\alpha_0}{z} + \operatorname{ev}\alpha_0 .$$

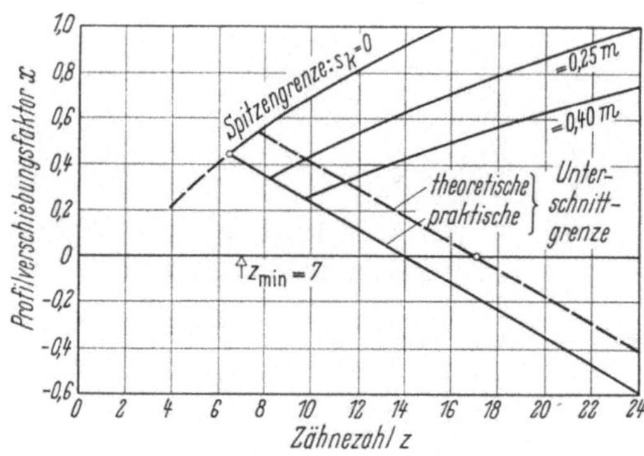

Bild 34. Unterschnittgrenze und Spitzengrenze
für Verzahnungen mit $\alpha_0 = 20°$ und $y = 1$.

Die Gln. (21) bis (23) sind als „Unterschnittgrenzen" und als „Spitzengrenze" (für $s_k = 0$) im Bild 34 für die Normalverzahnung nach DIN 867 aufgetragen.

Aus fertigungstechnischen Gründen läßt man aber i. a. keine spitzen Zähne zu, sondern fordert $s_k > 0,25 \cdot m$ (bzw. $> 0,4 \cdot m$ bei gehärteten Flanken). Die Grenzkurven für $s_k = 0,25 \cdot m$ und $s_k = 0,4 \cdot m$ sind ebenfalls in Bild 34 eingetragen.

30. Null-Getriebe, V-Null-Getriebe, V-Getriebe. *Null-Getriebe* entstehen bei Paarung von Nullrädern untereinander. Die Profilbezugslinien beider Räder decken sich in diesem Fall und gehen durch den Wälzpunkt C. Die Teilkreise fallen mit den Betriebswälzkreisen zusammen, der Achsabstand beträgt $a_0 = r_{01} + r_{02}$. Der Eingriffswinkel (Betriebseingriffswinkel) ist α_0 (Bild 35).

V-Null-Getriebe (Bild 36) entstehen bei Paarung eines V_{plus}-Rades mit einem V_{minus}-Rad, wenn die Profilverschiebungen beider Räder gleichgroß, aber entgegengesetzt gerichtet sind. Das Ritzel erhält dabei in der Regel die positive Profilverschiebung. Die Profilbezugslinien der Bezugsprofile decken sich, gehen jedoch nicht durch den

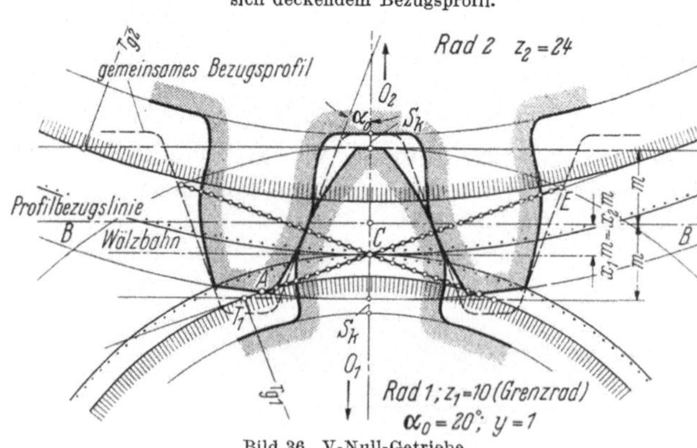

Bild 35. Null-Getriebe; zwei Nullräder mit gemeinsamem, sich deckendem Bezugsprofil.

Bild 36. V-Null-Getriebe.

Wälzpunkt. Achsabstand und Eingriffswinkel haben die gleiche Größe wie beim Null-Getriebe ($a = a_0$; $\alpha_b = \alpha_0$). Es fallen ebenfalls Teilkreise und Wälzkreise zusammen.

V-Getriebe entstehen bei Paarung von Nullrädern mit *V*-Rädern und von *V*-Rädern untereinander derart, daß der Achsabstand $a \lessgtr a_0$ wird, wobei *V*-Getriebe mit $a < a_0$ nur in Sonderfällen ausgeführt werden. Sind die beiden Räder eines *V*-Getriebes so gepaart, daß sich die Profilbezugslinien der Bezugsprofile decken, wird der Achsabstand $a = a_p$ (Index p deutet auf Profildeckung

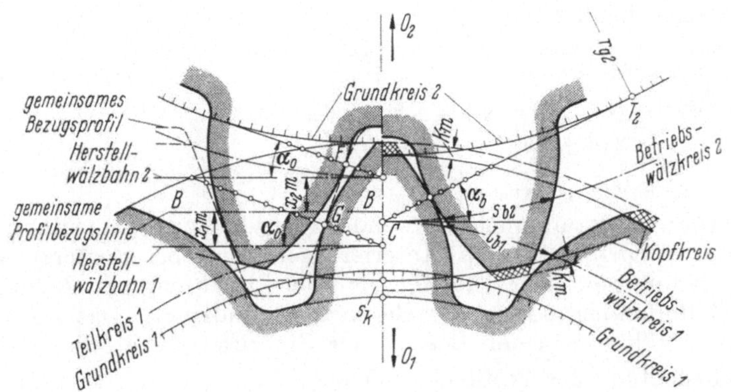

Bild 37. V-Getriebe; links bei Deckung der Bezugsprofile, rechts bei flankenspielfreiem Eingriff (nach Niemann [9]).

hin) $= a_0 + m\,(x_1 + x_2)$. Da hier die Radzahnflanken die Flanken des gemeinsamen Bezugsprofils nicht in einem gemeinsamen Punkt, sondern in den Punkten F bzw. G (Bild 37) berühren, tritt Flankenspiel auf. Wenn ein flankenspielfreies Getriebe entstehen soll, muß somit der Achsabstand a kleiner sein als der Achsabstand a_p bei Profildeckung. Der Achsabstand a des flankenspielfreien Getriebes folgt aus der Überlegung, daß die Summen aus Zahndicke s_b und Lückenweite l_b jeden Rades am Betriebswälzkreis gleich der Summe der Zahndicken beider Räder und gleich der Betriebswälzkreisteilung t_b sein müssen (Bild 37):

$$s_{b1} + l_{b1} = s_{b2} + l_{b2} = t_b = (\text{wegen } s_{b1} = l_{b2};\ s_{b2} = l_{b1}) = s_{b1} + s_{b2}\,.$$

Mit $s_b = d_b\!\left(\dfrac{s_0}{d_0} + \mathrm{ev}\,\alpha_0 - \mathrm{ev}\,\alpha_b\right)$ [s. Gl.(12)] und nach Gl.(3) $d_y = d_b = 2\,r_b = \dfrac{2\,r_g}{\cos \alpha_b}$

sowie mit Gl. (16) und $t_b = d_b \cdot \dfrac{\pi}{z}$ ergibt sich für den *Betriebseingriffswinkel*:

$$\mathrm{ev}\,\alpha_b = 2\,\frac{x_1 + x_2}{z_1 + z_2}\,\tan\alpha_0 + \mathrm{ev}\,\alpha_0\,. \tag{24}$$

Der *Achsabstand* des flankenspielfreien *V*-Getriebes ergibt sich dann wegen $r_b \cdot \cos\alpha_b = r_0 \cdot \cos\alpha_0$ [Gl. (13)] zu

$$a = a_0 \cdot \frac{\cos\alpha_0}{\cos\alpha_b} = m\,\frac{z_1 + z_2}{2} \cdot \frac{\cos\alpha_0}{\cos\alpha_b}\,. \tag{25}$$

Beim gedachten „Zusammenschieben'' der Räder auf den flankenspielfreien Achsabstand a vermindert sich das Kopfspiel um $(a_p - a)$. Soll das Kopfspiel $S_k = S_{kw} = h_{kw} - y\,m$ erhalten bleiben oder ein Kopfspiel $S_k < S_{kw}$ (jedoch

$S_k > S_{kw} - (a_p - a))$ entstehen, so ist eine *Kopfkürzung*[1] vorzusehen um

$$k\,m = a_p - a = a_0 + m\,(x_1 + x_2) - a$$

bzw. (26)

$$k\,m = S_k - S_{kw} + (a_p - a)\,.$$

Der Faktor k ist hierin der *Kopfkürzungsfaktor*. Der *Kopfkreisdurchmesser* beträgt dann

$$d_k = d_0 + 2\,y\,m + 2\,x\,m - 2\,k\,m \qquad (27)$$

oder über $r_{k1} = a - r_{f2} - S_k$ werden

$$d_{k1} = 2\,a - d_{f2} - 2\,S_k; \qquad d_{k2} = 2\,a - d_{f1} - 2\,S_k \qquad (28)$$

mit d_f nach Gl. (18).

Bei *voller Kopfkürzung* um $k\,m = a_p - a$ ergibt sich mit $d_0 = m\,z$ sowie $k\,m = a_0 + m\,(x_1 + x_2) - a$ und $a_0 = 0{,}5\,(m\,z_1 + m\,z_2)$:

$$d_{k1} = m\,z_1 + 2\,y\,m + 2\,x_1\,m - m\,z_1 - m\,z_2 - 2\,x_1\,m - 2\,x_2\,m + 2\,a$$

$$d_{k1} = 2\,(a + y\,m - x_2\,m) - d_{02} \qquad (29)$$

bzw.

$$d_{k2} = 2\,(a + y\,m - x_1\,m) - d_{01}\,.$$

Kopfkürzung kann auch notwendig werden zur Vermeidung von herstellbedingten *Eingriffsstörungen* (Interferenzen), die bei größeren Profilverschiebungen dadurch entstehen können, daß der Zahnkopfpunkt K (vgl. z. B. Bild 8) in die Zahnfußausrundung des Gegenrades eindringt. Das ist der Fall, wenn Teile der Fußkurve in den Bereich der Eingriffsstrecke fallen.

31. Bedeutung der Profilverschiebung. Durch die als Profilverschiebung bezeichnete Korrektur einer Verzahnung (andere Korrekturverfahren: Änderung des Zahnhöhenfaktors, Änderung des Herstelleingriffswinkels) werden verschiedene Betriebseigenschaften eines Getriebes unterschiedlich verändert. Dabei ist es nicht möglich, alle gleichermaßen zu verbessern[2]. Neben der Aufgabe, einen bestimmten Achsabstand zu erreichen, sind die Forderungen nach höherer Tragfähigkeit, hohem Überdeckungsgrad (ruhigem Lauf), günstiger spezifischer Gleitung[3] als auch Vermeidung von Unterschnitt Gründe für die Vornahme von Profilverschiebungen. Da man beim V-Getriebe die Profilverschiebungsfaktoren von Ritzel und Rad unabhängig voneinander nach den gewünschten Eigenschaften eines Getriebes wählen kann, stellen die V-Getriebe den Regelfall dar, während V-Null·Getriebe und Null-Getriebe seltener zur Anwendung kommen. Entsprechend den verschiedenen, bei Auslegung eines Getriebes im Vordergrund stehenden Kriterien, wurden zahlreiche *Profilverschiebungssysteme* entwickelt [3]. Ein Verzahnungssystem mit einer gegenüber der 20°-Nullverzahnung gesteigerten Tragfähigkeit ist die in DIN 3994 und 3995 genormte „05-Verzahnung‟.

Hier erhalten Ritzel und Rad einheitlich eine Profilverschiebung um $x\,m = +\,0{,}5\cdot\mathrm{m}$. Die 05-Verzahnung ermöglicht darum nicht die Einhaltung eines bestimmten Achsabstandes, hat aber Satzrädereigenschaft und bietet den Vorteil, daß alle wichtigen Verzahnungsdaten[4] tabelliert vorliegen (DIN 3995).

Allgemeine Richtlinien für die Wahl von Profilverschiebungen bei Getrieben aus außenverzahnten Rädern mit $z \geqq 10$ und Bezugsprofil nach DIN 867 gibt DIN 3992 (s. Berechnungsbeispiel 7 und Bild 63).

---

[1] In Bild 37 durch Kreuzschraffur angegeben.

[2] Auswirkung der Profilverschiebung auf verschiedene Verzahnungseigenschaften siehe z. B. [2].

[3] Positive Profilverschiebung verlagert das aktive Profil in das Gebiet geringerer Flankenkrümmung. Dadurch vermindert sich die spezifische Gleitung (vgl. Abschn. 20).

[4] Achsabstand, Betriebseingriffswinkel, Zahndicke, Zahnweite und Prüfmaß für die Rollenmessung (s. Abschn. 35), Kopfkreisdurchmesser, Fußkreisdurchmesser, Gleitgeschwindigkeit und Profilüberdeckung.

Die Summe der Profilverschiebungsfaktoren $(x_1 + x_2)$ wird hier abhängig von der Zähnezahlsumme $(z_1 + z_2)$ und den für das auszulegende Getriebe maßgebenden Anforderungen an die Verzahnungseigenschaft gewählt. Der gesamte Bereich der infrage kommenden Profilverschiebungen wurde in Felder P 1 bis P 9 eingeteilt (s. Bild 63, oberer Teil). Mit wachsender Summe der positiven Profilverschiebungsfaktoren steigt die Zahnfuß- und Zahnflankenfestigkeit auf Kosten der Profilüberdeckung. Der Bereich zwischen den Linien P 3 bis P 6 wird für Verzahnungen empfohlen, die hinsichtlich Tragfähigkeit und Geräuschverhalten gut ausgeglichen sind.

Darüber liegt der Bereich für Getriebe, die auf hohe Tragfähigkeit korrigiert werden sollen, darunter der Bereich für Getriebe, an deren Geräuscharmut höhere Anforderungen gestellt werden. Die Aufteilung der Summe der Profilverschiebungsfaktoren auf Ritzel und Rad wird mit Hilfe eines zweiten Diagramms (für Übersetzung ins Langsame s. Bild 63 unten) so vorgenommen, daß x_1 und x_2 auf der gleichen Paarungslinie liegen. Die Paarungslinien (L 1 bis L 17 bei Übersetzung ins Langsame, S 1 bis S 13 bei Übersetzung ins Schnelle) sind so festgelegt, daß die Zahnfußfestigkeit für Ritzel und Rad annähernd gleich ist, die Geschwindigkeit am Kopf des treibenden Rades etwas höher ist als die am Kopf des getriebenen Rades und daß extreme Werte der spezifischen Gleitung vermieden werden[1]. Gerasterte Bereiche im Aufteilungsdiagramm machen auf mögliche Eingriffsstörungen aufmerksam. Weiter wurden eine Grenzkurve für $\varepsilon = 1{,}1$ sowie die Unterschnittgrenzen und die „Spitzengrenzen" für $s_k = 0{,}2 \cdot m$ und $s_k = 0{,}4 \cdot m$ eingetragen. Als Sonderfall sind die 05-Verzahnung und die Nullverzahnung enthalten.

Diese Norm gilt auch für Schrägstirnräder.

32. Berechnung der Profilüberdeckung.

Die Profilüberdeckung ε als das Verhältnis von Eingriffsstrecke g zu Eingriffsteilung[2] t_e läßt sich für Getriebe mit *Außenverzahnung* und *unterschnittfreien* Zähnen einfach durch Aufzeichnen der

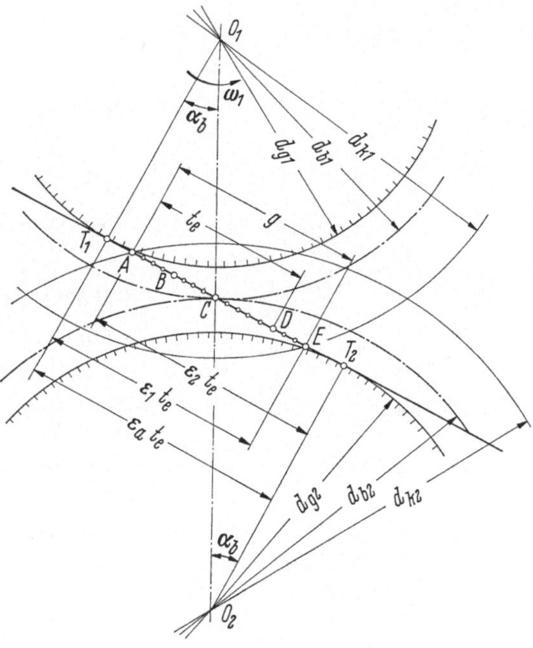

Bild 38. Ermittlung der Eingriffsstrecke und der Profilüberdeckung.

Eingriffsstrecke oder durch Berechnung bestimmen. Nach Bild 38 ist die Eingriffsstrecke:

$$g = \overline{A\,C\,E} = (\overline{T_1\,E} - \overline{T_1\,C}) + (\overline{T_2\,A} - \overline{T_2\,C}) -$$

$$= \frac{1}{2}\left(\sqrt{d_{k1}^2 - d_{g1}^2} - d_{b1}\sin\alpha_b\right) + \frac{1}{2}\left(\sqrt{d_{k2}^2 - d_{g2}^2} - d_{b2}\sin\alpha_b\right).$$

Damit ergibt sich die Profilüberdeckung mit $t_e = m\,\pi\cos\alpha_0$ für diesen Fall zu

$$\varepsilon = \frac{g}{t_e} = \frac{1}{2\,\pi\,m\,\cos\alpha_0}\left(\sqrt{d_{k1}^2 - d_{g1}^2} + \sqrt{d_{k2}^2 - d_{g2}^2} - (d_{b1} + d_{b2})\sin\alpha_b\right). \qquad (30)$$

---

[1] Diese Forderungen sind insbesondere bei Übersetzung ins Schnelle nur näherungsweise realisierbar. Die Paarungslinien stellen darum einen Kompromiß dar.

[2] Zu beachten ist, daß die Profilüberdeckung ε den *zeitlichen Mittelwert* der im Eingriff befindlichen Zähne darstellt.

Sie kann mit eingeschränkter Genauigkeit für Verzahnungen mit Bezugsprofil nach DIN 867 aus den Nomogrammen Bilder 39 u. 40 (nach DIN 3990, Bl. 3) ermittelt werden.

Wird nach Bild 38 eingeführt: $\overline{T_1 E} = \varepsilon_1 t_e$ und $\overline{T_2 A} = \varepsilon_2 t_e$ sowie $\overline{T_1 T_2} = \varepsilon_a \cdot t_e$, dann folgt $\varepsilon = \varepsilon_1 + \varepsilon_2 - \varepsilon_a$ mit

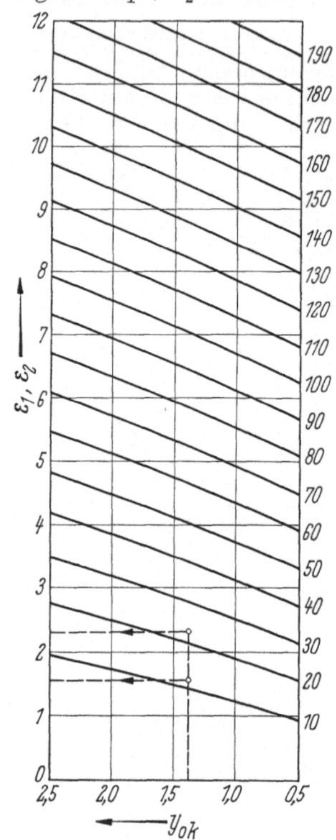

$$\varepsilon_1 = \frac{\sqrt{d_{k1}^2 - d_{g1}^2}}{2\,t_e}, \qquad \varepsilon_2 = \frac{\sqrt{d_{k2}^2 - d_{g2}^2}}{2\,t_e}, \qquad \varepsilon_a = \frac{a \sin \alpha_b}{t_e}.$$

ε_1 und ε_2 sind in Bild 39 in Abhängigkeit von Zähnezahl z und Rad-Kopfhöhenfaktor

$$y_{0k} = \frac{d_k - d_0}{2\,m} = y + x - k \tag{31}$$

aufgetragen. Der Kopfkürzungsfaktor k ergibt sich dabei zu $k = \dfrac{S_k}{m} - \dfrac{S_{kw}}{m} + \dfrac{(a_p - a)}{m}$ mit $S_{kw} = h_{kw} - m$ (s. Abschn. 30).

Der Wert $k = \dfrac{S_k}{m} - \dfrac{S_{kw}}{m} - \dfrac{\Delta a}{m} + (x_1 + x_2)$ mit $\Delta a = a - a_0$ läßt sich auch mit Hilfe eines Nomogramms $\dfrac{\Delta a}{m}$ abhängig von $(z_1 + z_2)$ und $(x_1 + x_2)$ in DIN 3990, Bl. 3 bestimmen.

ε_a ist in Bild 40 in Abhängigkeit von der Zahnsumme $z_1 + z_2$ und der Summe der Profilverschiebungsfaktoren $x_1 + x_2$ aufgetragen.

Für *Null-Getriebe* mit $\alpha_0 = 20°$ läßt sich ε aus Bild 41 entnehmen.

Für *Zahnstangengetriebe* mit Bezugsprofil nach DIN 867 ergibt sich:

Bild 39. Ermittlung der Profilüberdeckung[1]: Teilwerte ε_1, ε_2 (nach DIN 3990, Bl. 3).

$$\varepsilon = \frac{1}{2\,\pi\,m \cos \alpha_0} \left(\sqrt{d_k^2 - d_g^2} - d_0 \sin \alpha_0 + \frac{2\,m}{\sin \alpha_0} \right). \tag{32}$$

Der theoretische Höchstwert der Profilüberdeckung beträgt bei Paarung zweier Zahnstangen $\varepsilon_{\max} = \dfrac{4\,y}{\pi \sin 2\,\alpha_0}$. Für $y = 1$ und $\alpha_0 = 20°$ ergibt sich $\varepsilon_{\max} = 1{,}98$.

Tritt bei einem Rad oder bei beiden Rädern schädlicher Unterschnitt auf, so ist die dadurch bedingte Verkürzung der Eingriffsstrecke zu berücksichtigen (s. Bild 42). Der Anfangspunkt der Eingriffsstrecke A ist hier der Schnittpunkt von Eingriffslinie und Kreis mit dem Radius r_{u1} (und nicht der Schnittpunkt von Eingriffslinie und Kopfkreis 2)[2]. Eingriffslinie und Kopfkreis 2)[2].

Nach Bild 42 folgt:

$$\overline{ACE} = \overline{AC} + \overline{CE} = (\overline{T_1 C} - \overline{T_1 A}) + (\overline{T_1 E} - \overline{T_1 C}) = \overline{T_1 E} - \overline{T_1 A} =$$

$$= \sqrt{r_{k1}^2 - r_{g1}^2} - \sqrt{r_{u1}^2 - r_{g1}^2} \quad \text{und so wird}$$

$$\varepsilon = \frac{\sqrt{r_{k1}^2 - r_{g1}^2} - \sqrt{r_{u1}^2 - r_{g1}^2}}{m\,\pi \cdot \cos \alpha_0}. \tag{33}$$

---

[1] Das eingetragene Beispiel ist in Kap. IV als 6. Beispiel auf S. 54 beschrieben.

[2] Vom Kopf des Rades 2 kommt das Flankenstück $K_2 K_2'$ nur noch mit dem Unterschnittpunkt P der Evolvente von Rad 1 in Berührung. Der Kopf könnte somit bis K_2' gekürzt werden. Das gezeichnete Getriebe ist wegen $\varepsilon < 1$ nicht betriebsfähig.

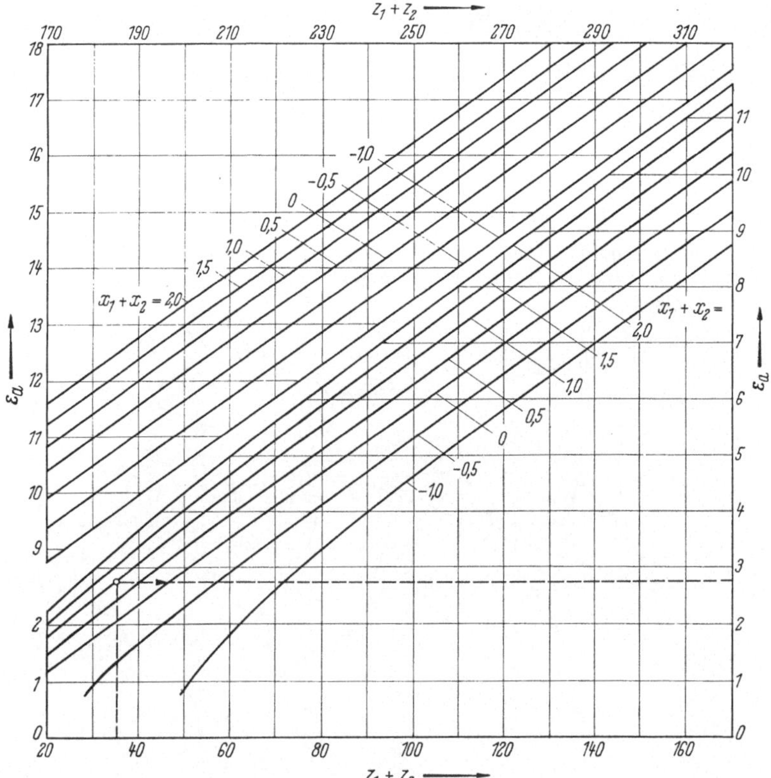

Bild 40. Ermittlung der Profilüberdeckung[1]: Teilwert ε_a (nach DIN 3990, Bl. 3).

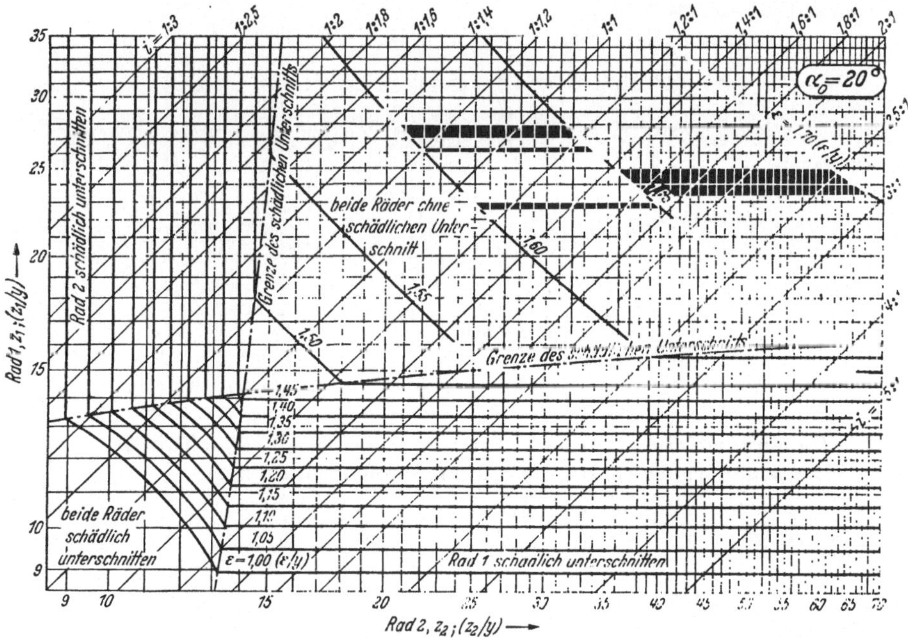

Bild 41. Profilüberdeckung von Null-Getrieben bei $\alpha_0 = 20°$.

---

[1] Das eingetragene Beispiel ist in Kap. IV als 6. Beispiel auf S. 54 beschrieben.

Sinngemäß folgt für Getriebe mit schädlichen Unterschnitt an beiden Rädern:

$$\varepsilon = \frac{a \sin \alpha_b - \sqrt{r_{u1}^2 - r_{g1}^2} - \sqrt{r_{u2}^2 - r_{g2}^2}}{m \, \pi \cos \alpha_0} . \tag{34}$$

Der Unterschnittradius r_u läßt sich nach Bild 43 (vgl. auch Bild 26) bestimmen[1]:

$$U = r_0 - r_u \cos(\alpha_0 + \Theta_u + \gamma_u) = h_{mw} - x\,m . \tag{35}$$

U ist die Tiefeneinstellung der maßgebenden Werkzeug-Kopflinie unter den Teilkreis. In Bild 43 ist U für ein Nullrad eingezeichnet.

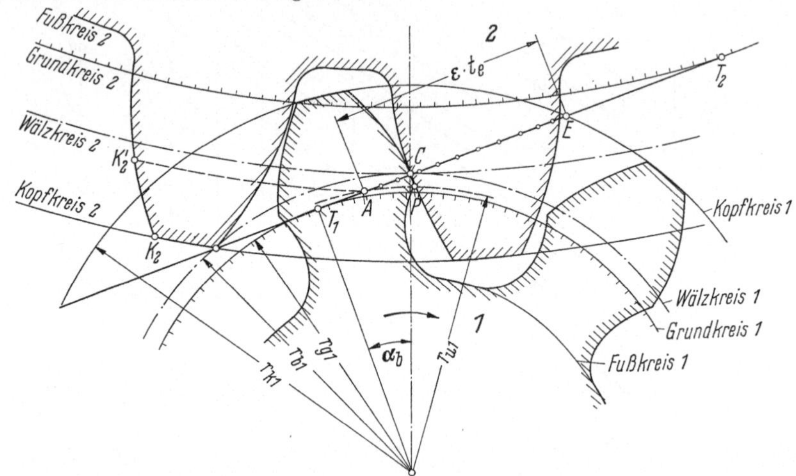

Bild 42. Berechnung der Profilüberdeckung bei unterschnittenem Ritzel.

Hierin ist Θ_u der Wälzwinkel des Werkzeugs zwischen Radialstellung der Werkzeugflanke bis zur Unterschnittstellung.

Θ_u folgt über $\overline{T_1 H} = \overparen{T_1 G} = r_g \, \Theta_u = \overline{PM}$

$$\overline{LN} = r_g \sin(\Theta_u + \gamma_u)$$

aus

$$\frac{r_u}{r_g} = \frac{\Theta_u}{\sin(\Theta_u + \gamma_u)} . \tag{36}$$

Dabei ist

$$\widehat{\gamma_u} = \mathrm{ev}\left(\arccos \frac{r_g}{r_u}\right). \tag{37}$$

Am Einheitsgrundkreis ($r_g = 1$) wird dann mit $r_0 = \dfrac{r_g}{\cos \alpha_0}$ und $r_{u(1)} = \dfrac{r_u}{r_g}$:

$$U_{(1)} = \frac{U}{r_g} = \frac{1}{\cos \alpha_0} - r_{u(1)} \cos(\alpha_0 + \Theta_u + \gamma_u) ,$$

wobei Θ_u bestimmbar ist aus

$$\widehat{\Theta_u} = r_{u(1)} \sin(\Theta_u + \gamma_u) \quad \text{mit} \quad \widehat{\gamma_u} = \mathrm{ev}\left(\arccos \frac{1}{r_{u(1)}}\right).$$

Zahlenwerte für $r_{u(1)}$ und $U_{(1)}$ bei $\alpha_0 = 20°$ nach [4] s. Tab. 2.

Die zugehörigen Werte für r_u und U folgen dann aus

$$r_u = r_{u(1)} \cdot r_g = r_{u(1)} \cdot \frac{z}{2}\, m \cos \alpha_0$$

und

$$U = h_m - x \cdot m = U_{(1)} \cdot r_g = U_{(1)} \frac{z}{2} \cdot m \cdot \cos \alpha_0$$

oder aus den Gln. (35) bis (37).

---

[1] Lösung von HOFER [4].

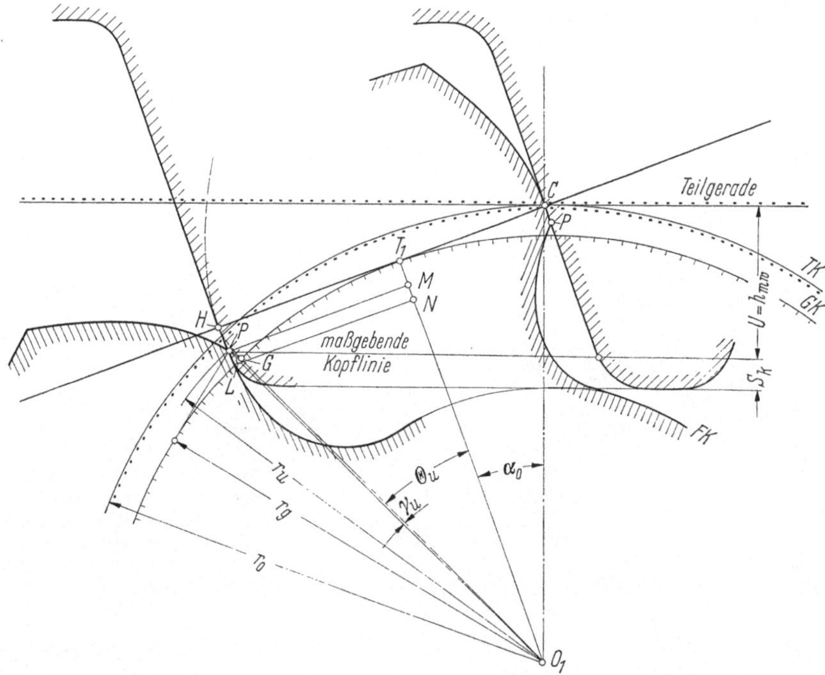

Bild 43. Ermittlung des Unterschnittradius r_u (vgl. auch Bild 26, S. 21).

33. Verzahnungstoleranzen.

Mit Rücksicht auf die Laufruhe und Gleichförmigkeit in der Bewegungsübertragung eines Getriebes sowie auf dynamische Zusatzbeanspruchungen, Schmiermöglichkeit und auf Austauschbarkeit der Räder müssen die unvermeidlichen Verzahnungs- und Achsabstandsfehler in ihrer Größe begrenzt werden.

Das *DIN-Verzahnungstoleranzsystem* (s. auch [5]) legt die Toleranzen für *Einzelfehler* und *Sammelfehler* sowie die Abmaße für die Zahndicke im Teilkreis und das Zahnweitenmaß (s. Abschn. 35) fest.

Einzelfehler sind die Abweichungen einzelner Bestimmungsgrößen der Verzahnung (wie Flankenform, Grundkreis, Eingriffswinkel, Teilung, Zahndicke, Flankenrichtung) von ihren Sollwerten. Auch die Rundlaufabweichung zählt hierzu. *Sammelfehler* einer Verzahnung nennt man die gemeinsame örtliche und gleichzeitige Auswirkung mehrerer Einzelfehler auf Lage und Form der Zahnflanken. Der Sammelfehler wird i. a. durch Wälzen des zu prüfenden Rades mit einem Idealrad (Meisterrad) mit bekannten Fehlern ermittelt (Definitionen s. DIN 3960 und DIN 3961).

DIN 3962 enthält die zulässigen Einzelfehler, DIN 3963 die zulässigen Sammelfehler, den zulässigen Flankenrichtungsfehler sowie die Zahndickenabmaße und DIN 3967 ebenfalls die zulässigen Sammelfehler, den zulässigen Flankenrichtungsfehler sowie die Abmaße des Zahnweitenmaßes.

Tabelle 2. *Größen für die Unterschnittberechnung* (für $\alpha_0 = 20°$ nach [4])

$U_{(1)}$	$r_{u(1)}$
0,124 485	1,000
0,157 874	1,001
0,173 160	1,002
0,185 833	1,003
0,196 713	1,004
0,206 768	1,005
0,215 936	1,006
0,224 730	1,007
0,233 041	1,008
0,240 918	1,009
0,248 667	1,010
0,263 309	1,012
0,283 813	1,015
0,315 414	1,020
0,344 747	1,025
0,372 428	1,030
0,398 739	1,035
0,424 033	1,040
0,448 467	1,045
0,472 166	1,050
0,517 711	1,060
0,561 234	1,070
0,603 090	1,080
0,643 538	1,090
0,682 648	1,100

Die Größe der Toleranzen hängt dabei ab vom Modulbereich (die Toleranzen innerhalb eines Modulbereiches sind einheitlich), vom Teilkreisdurchmesserbereich und der Verzahnungsqualität. Es wurden 12 Qualitäten festgelegt, wobei die feinste Qualität 1 beim gegenwärtigen Stand der Fertigungstechnik noch nicht erreichbar ist. Eine orientierende Übersicht für die Wahl der Qualität abhängig vom Verwendungszweck und der Umfangsgeschwindigkeit mit einer Zuordnung der Herstellverfahren gibt Bild 44 nach [5].

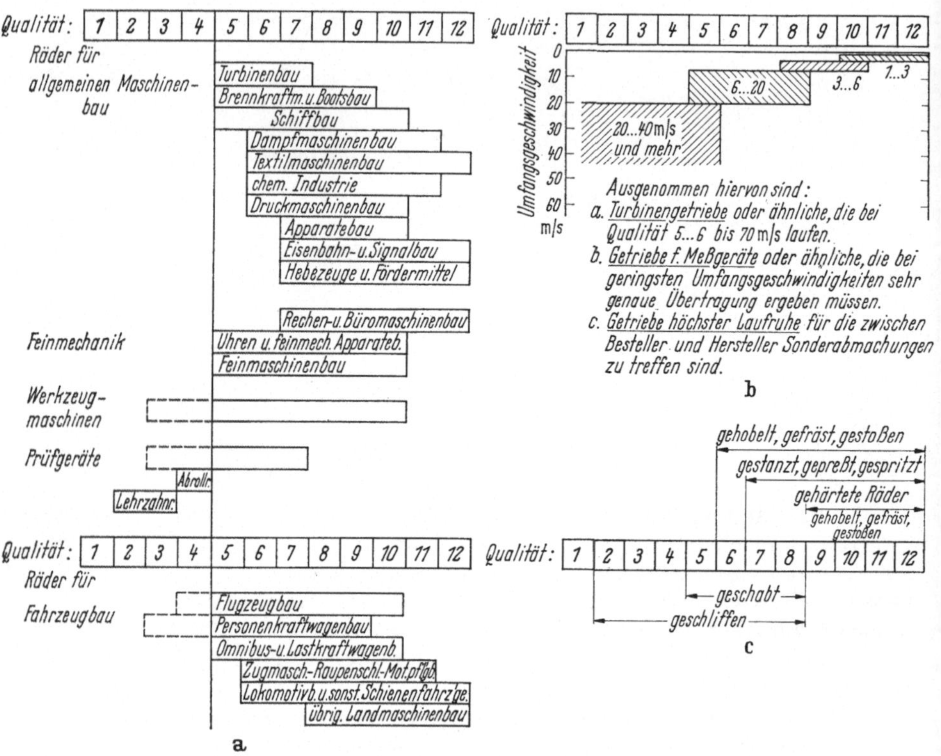

Bild 44. Orientierende Übersicht über den Einsatz der Zahnradtoleranzen (nach [5]).
a) Einteilung nach Verwendungsgebieten; b) Einteilung nach Umfangsgeschwindigkeit;
c) Einteilung nach Herstellverfahren.

Die Abmaße von Zahndickenmaß und Zahnweitenmaß sind entsprechend den 15 vorgesehenen Toleranzfeldlagen (Felder h bis a') gestaffelt. Sämtliche Abmaße sind dabei negativ, weil Zahnradgetriebe Spielsitzcharakter haben (s. Bild 45).

Das DIN-Verzahnungstoleranzsystem ist auf Grund praktischer Erfahrungen und theoretischer Überlegungen für Geradstirnräder mit 20° Herstelleingriffswinkel aufgestellt worden. Bei Anwendung anderer Herstelleingriffswinkel sind einzelne Fehlergrößen umzurechnen. Ebenso ist eine Umrechnung auf den Betriebseingriffswinkel bei V-Getrieben erforderlich. Das System ist auch bei Schrägstirnrädern anwendbar (s. Abschn. 45).

34. Getriebepassung, Flankenspiel. Eine Getriebepassung entsteht, wenn zwei tolerierte Zahnräder in einem tolerierten Achsabstand gepaart werden (Bild 46). Es bestimmen somit 3 Toleranzfehler die Getriebepassung.

Ein *Flankenspiel* kann erzielt werden durch Abweichungen von der Sollzahndicke oder durch Abweichung vom Sollachsabstand. Das DIN-Verzahnungstoleranzsystem wählt das Passungssystem Einheitsachsabstand; d. h. die verschiedenen gewünschten Spiele werden durch unterschiedliche Lage der Flankentoleranzfelder zur Nullinie (durch Buchstaben h bis a' bezeichnet) erreicht, während das Toleranzfeld des Achsabstands seine symmetrische Lage zur Nullinie beibehält[1]. In DIN 3964 sind 2 Achsabstandstoleranzfelder (J und K) festgelegt (s. Bild 45). Das Toleranzfeld K ist doppelt so groß wie das Feld J, hat jedoch die gleiche Lage zur Nullinie. Die Größe der Toleranz T_a hängt ab

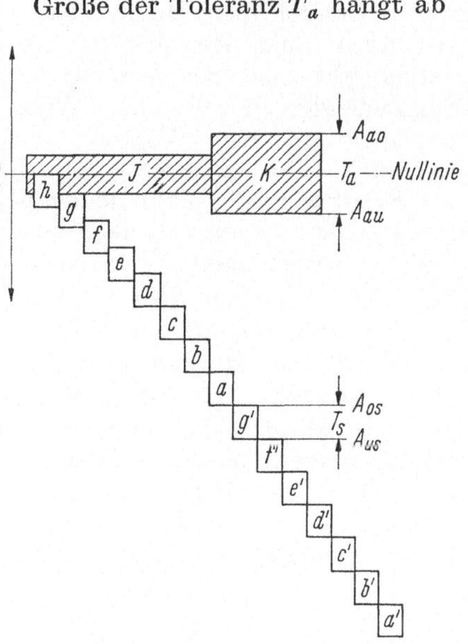

Bild 45. Lagebild für die Flanken- und Achsabstandstoleranzfelder (nach [5]). T_a Achsabstandstoleranz; A_a Achsabstandsabmaß; T_s Zahndickentoleranz; A_s Zahndickenabmaß.

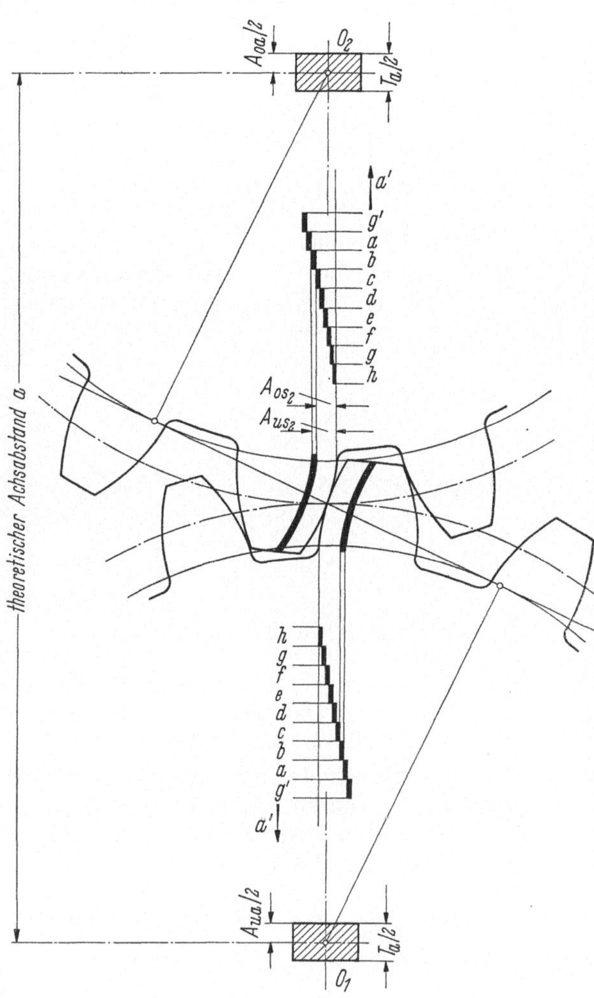

Bild 46. DIN-Getriebepassung (nach [5]).

vom Achsabstands-Nennmaßbereich und der Qualität. Auch hier ist bei Abweichungen vom Herstelleingriffswinkel 20° oder Betriebseingriffswinkel 20° eine Umrechnung der Toleranzgröße notwendig. Die Größe des Flankenspiels hängt ab von der Größe der Zahndickenabmaße A_s und der Achsabstandsabmaße A_a. Mit hinreichender Genauigkeit ergibt sich:

---

[1] Soll abweichend davon ein Getriebe nach dem System Einheitszahndicke ausgeführt werden, so muß der Achsabstand a des flankenspielfreien Getriebes vergrößert werden auf $a' \approx a + \dfrac{S_e}{2 \sin \alpha_b}$. Der Betriebseingriffswinkel folgt dann aus $\cos \alpha_b' = \dfrac{a_0 \cos \alpha_0}{a'}$. Zu S_e s. Gl. (39).

Größt- und Kleinstverdrehflankenspiel:

$$S_{d\,max} = -(A_{us1} + A_{us2}) + 2\,A_{oa}\tan\alpha_b\,,$$
$$S_{d\,min} = -(A_{os1} + A_{os2}) + 2\,A_{ua}\tan\alpha_b\,. \tag{38}$$

Größt- und Kleinsteingriffsflankenspiel:

$$S_{e\,max} = -(A_{us1} + A_{us2})\cos\alpha_0 + 2\,A_{oa}\cdot\sin\alpha_b\,,$$
$$S_{e\,min} = -(A_{os1} + A_{os2})\cos\alpha_0 + 2\,A_{ua}\cdot\sin\alpha_b\,. \tag{39}$$

[Indizes: 1, 2 ... bezogen auf Rad 1, 2,
         o, u ... oberes, unteres Abmaß,
         s, a bezogen auf Zahndicke, Achsabstand.]

Eine Übersicht über die sich bei verschiedenen Kombinationen von Toleranzfeldlagen ergebenden Verdrehflankenspiele enthält DIN 3964; Empfehlungen für die Wahl des Flankenspiels finden sich in [6].

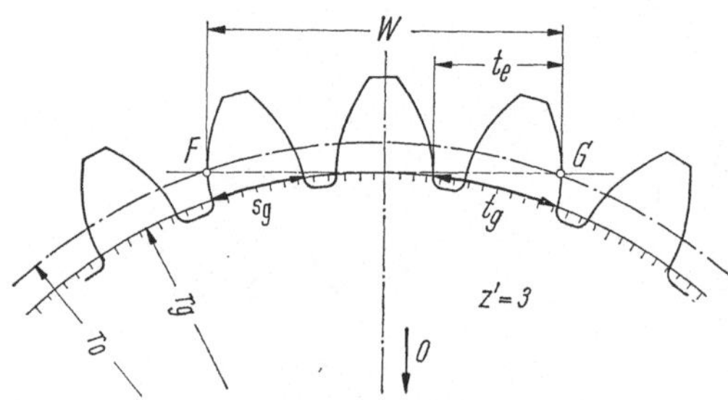

Bild 47. Messung der Zahnweite W.

35. Bestimmung der Zahndicke. Eine Prüfung aller Einzelfehler ist sehr aufwendig und erfolgt daher nur in Sonderfällen. In der Regel beschränkt man sich bei der Abnahme auf eine Bestimmung der Sammelfehler durch eine Wälzprüfung und eine Messung der Zahndicke. Die *Zahndickenmessung* zur Ermittlung der Zahndickenabmaße erfolgt bevorzugt nach zwei indirekt vorgehenden Verfahren:

a) Messung der Zahnweite W. Die *Zahnweite* W ist der über z' Zähne gemessene Abstand zweier paralleler Ebenen, die je eine Rechts- und Linksflanke in Teilkreisnähe berühren (Bild 47). Da die parallelen Ebenen (hier Meßflächen) die Evolventen tangieren, ist die Meßsehne $\overline{FG} = W$ eine Normale zu den Evolventen und damit Tangente an den Grundkreis. Man mißt somit $(z' - 1)$ mal die Grundkreisteilung t_g, die gleich t_e ist, und einmal die Grundkreiszahndicke s_g. Daraus ergibt sich die Zahnweite $W = (z' - 1)\,t_e + s_g$. Durch Messungen an verschiedenen Stellen des Radumfangs und Mittelwertbildung läßt sich der in das Meßergebnis eingehende Teilungsfehler eliminieren.

Mit $t_e = t_0\cdot\cos\alpha_0 = m\cdot\pi\cdot\cos\alpha_0$ und Gl. (12) — mit $d_y = d_g$ und ev $\alpha_g = 0$ wird $s_g = d_g\left(\dfrac{s_0}{d_0} + \text{ev}\,\alpha_0\right) = d_0\cdot\cos\alpha_0\left(\dfrac{s_0}{d_0} + \text{ev}\,\alpha_0\right)$ — sowie Gl. (16) wird dann die *Zahnweite*

$$W = \cos\alpha_0\,[(z' - 1)\,m\,\pi + m\,\pi\,0{,}5 + 2\,x\,m\tan\alpha_0 + z\,m\,\text{ev}\,\alpha_0]\,,$$
$$W = m\cos\alpha_0\,[(z' - 0{,}5)\,\pi + z\,\text{ev}\,\alpha_0 + 2\,x\tan\alpha_0]\,. \tag{40}$$

Die den Zahndickenabmaßen entsprechenden *Zahnweitenabmaße* sind als oberes Abmaß $A_{Wo} = A_{os}\cdot\cos\alpha_0$ und als unteres Abmaß $A_{Wu} = A_{us}\cdot\cos\alpha_0$. Sie sind in DIN 3967 angegeben (s. Abschn. 33).

Die Zähnezahl z', über die sich die Messung erstreckt, soll so gewählt werden, daß die Meßflächen in Teilkreisnähe anliegen. DIN 3960 gibt ein Diagramm für z' in Abhängigkeit von Radzähnezahl z und Profilverschiebungsfaktor x an. Näherungsweise[1] kann bei kleinen Profilverschiebungen gesetzt werden:

---

[1] Genauere Beziehung nach DIN 3960 s. 9. Rechenbeispiel (S. 56).

$z' = z \cdot \dfrac{\alpha_0^0}{180} + 0,5$. Der ermittelte Wert ist auf eine ganze Zahl zu runden. Die Zahnweitenmessung kann während der Fertigung erfolgen, ohne daß das Rad ausgespannt werden muß.

b) Kugel- oder Rollenmessung. Ein sehr genaues Verfahren zur Bestimmung der Zahndicken-Abmaße ist die Messung des Abstands zweier Kugeln oder Rollen, die in zwei einander gegenüberliegende Zahnlücken eingelegt werden.

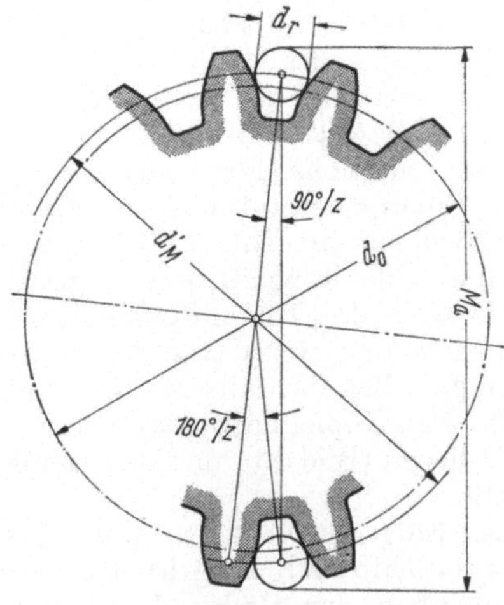

Bild 48. Prüfmaß M_a bei ungerader Zähnezahl.

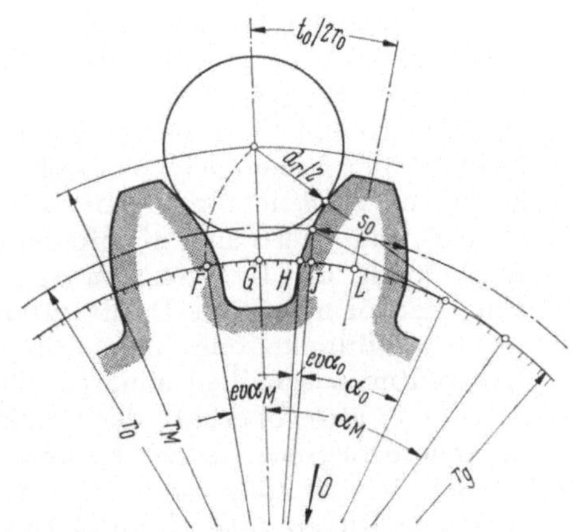

Bild 49. Ermittlung von α_M: $\widehat{FH} = d_r/2$; $\widehat{HJ} = \mathrm{ev}\,\alpha_0 \cdot r_g$; $\widehat{JL} = (s_0/2\,r_0)\,r_g$.

Aus den Bildern 48 und 49 ergibt sich der Mittelpunktsradius der Kugeln (Rollen):

$$r_M = \frac{d_M}{2} = r_0\,\frac{\cos \alpha_0}{\cos \alpha_M}\,. \tag{41}$$

Bei gerader Zähnezahl und Außenverzahnung ergibt sich das Nennprüfmaß

$$M_a = d_M + d_r \tag{42}$$

und bei ungerader Zähnezahl

$$M_a = d'_M + d_r\,, \tag{43}$$

wobei $d'_M = d_M \cdot \cos \dfrac{90°}{z}$ wird.

Der zu r_M (bzw. d_M) gehörende Winkel α_M folgt nach Bild 49 aus

$$\mathrm{ev}\,\alpha_M = \frac{\widehat{FG}}{r_g} = \frac{1}{r_g}\left(\widehat{FH} + \widehat{HJ} + \widehat{JL} - \widehat{LG}\right) = \frac{1}{r_g} \cdot \frac{d_r}{2} + \mathrm{ev}\,\alpha_0 + \frac{1}{r_0}\frac{s_0}{2} - \frac{1}{r_0}\frac{t_0}{2}$$
$$= \mathrm{ev}\,\alpha_0 + \frac{d_r}{m\,z\,\cos \alpha_0} - \frac{\pi - 4\,x\,\tan \alpha_0}{2\,z}\,. \tag{44}$$

Die den Zahndicken-Abmaßen A_s entsprechenden Abmaße des Prüfmaßes M ergeben sich näherungsweise zu $A_M \approx A_s \cdot \dfrac{\cos \alpha_0}{\sin \alpha_M}$ bei gerader Zähnezahl und $A_M \approx A_s \cdot \cos \dfrac{90°}{z} \cdot \dfrac{\cos \alpha_0}{\sin \alpha_M}$ bei ungerader Zähnezahl.

Genauer: Zuerst mit Gl. (44) $\alpha_{M\,max}$ über $s_{0\,max} = s_0 + A_{os}$ und $\alpha_{M\,min}$ über $s_{0\,min} = s_0 + A_{us}$ bestimmen und danach Grenzmaße $d_{M\,max}$, $d_{M\,min}$ [nach Gl. (41)] sowie $M_{a\,max}$ und $M_{a\,min}$ nach den Gl. (42) bzw. (43) ermitteln.

Die Meßkugeln bzw. Rollen sollen die Flanken in Teilkreisnähe berühren. Näherungsweise[1] kann bei $\alpha_0 = 20°$ gesetzt werden: $d_r \sim 1{,}75 \cdot m$.

C. Evolventen-Innenverzahnung

36. Grundsätzliches. Innen-Stirngetriebe entstehen bei Paarung eines innen und eines außen verzahnten Stirnrades. Der kleine Achsabstand dieser Getriebe gestattet eine raumsparende Bauart und die Paarung der hohl gekrümmten (konkaven) Flanken des *Hohlrades* mit den erhaben gekrümmten (konvexen) des Ritzels ermöglicht günstige Gleitverhältnisse und hohe Flankentragfähigkeit. Beide Räder haben gleichen Drehsinn. Beim Entwurf ist auf mögliche Eingriffsstörungen Rücksicht zu nehmen. Eingriffsstörungen am Ritzelfuß können entstehen, wenn bei voller Kopfhöhe des Hohlrades der Eingriffsbeginn auf einem nicht mehr als Evolvente ausgeschnittenen Teil der Ritzelfußflanke erfolgt. Eingriffsstörungen am Hohlradfuß können eintreten, wenn zum Eingriffsende Hohlradfußflankenteile zum Eingriff kommen, die ebenfalls nicht mehr als Evolventen ausgebildet sind. (s. Abschn. 37). Der Kopfeingriffspunkt des Hohlrades muß stets oberhalb des Grundkreises 2 liegen (Bild 50), da der Grundkreis die innere Begrenzung der Evolvente darstellt.

Bei kleinem Zähnezahlverhältnis u können Eingriffsstörungen infolge Berührung der Ritzel- und Hohlrad-Zahnköpfe außerhalb der Eingriffsstrecke entstehen sowie Schwierigkeiten beim Zusammenbau der Räder durch radiales Zusammenschieben (s. Bild 55).

37. Eingriffsverhältnisse (Bild 50). Die Lage der Punkte A bzw. E, also Beginn und Ende des Eingriffs sowie die Profilüberdeckung ε hängen vom Herstellverfahren ab. Theoretisch läge der Beginn nur in A' (Schnittpunkt des Hohlradkopfkreises KK_2 mit $\overline{C\,T_1\,T_2}$), wenn das Ritzel mit einem hohlrad-

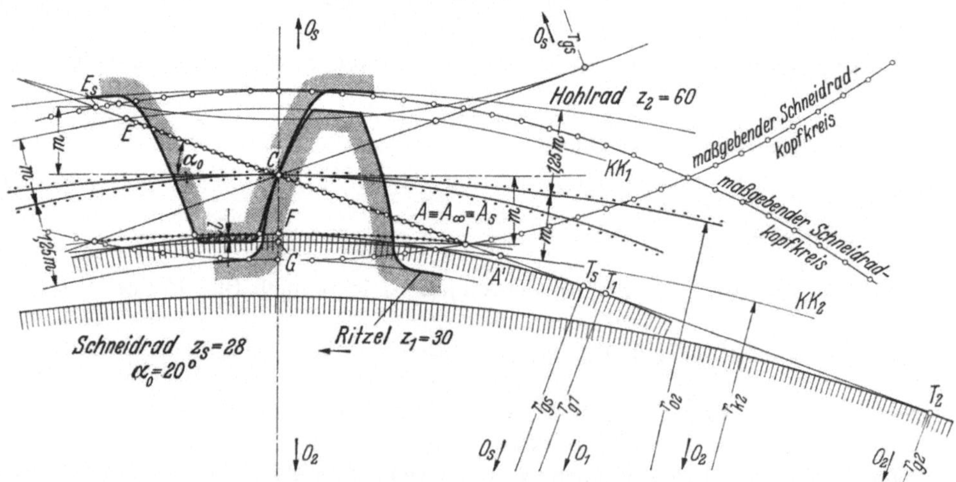

Bild 50. Innenverzahnung: Hohlrad und Ritzel mit Schneidrad $z_s = 28$ abgewälzt ($x_1 = x_2 = 0$; $\alpha_0 = 20°$; $h_{kw} = 1{,}25 \cdot m$). Index s: bezogen auf das Schneidrad.

---

[1] Genauere Bestimmung vom d_r s. 9. Rechenbeispiel (S. 57).

ähnlichen Stoßwerkzeug (von gleicher Größe wie das Hohlrad) im Wälzverfahren geschnitten werden könnte, dieses innenverzahnte Werkzeug und das Hohlrad dagegen durch einen Formfräser mit theoretisch richtigen Evolventen, im Teilverfahren versehen würde. Wählt man das Wälzverfahren für beide Räder, dann kann das Hohlrad nur mit dem Schneidrad, das Ritzel entweder mit einem Zahnstangenwerkzeug oder mit dem gleichen Schneidrad verzahnt werden.

a) **Hohlrad und Ritzel mit Schneidrad gleicher Größe abgewälzt.** Da das Schneidrad bei seiner eigenen Herstellung im Eingriff mit einer Zahnstange gestanden hat, kann seine Fußflankeneingriffsstrecke höchstens CA_∞ sein (A_∞ = Schnittpunkt der maßgebenden Zahnstangenkopflinie mit der Eingriffsgeraden). Dieses Schneidrad kann im Hohlrad auch nur höchstens eine Kopfflankeneingriffsstrecke $\overline{CA_\infty}$ erzeugen, d. h. Evolventen höchstens nur außerhalb des Kreises mit Halbmesser O_2A_∞ schneiden. Das innerhalb des Kreises mit Halbmesser O_2A_∞ liegende Kopfende FG des Hohlrades wird nur mit einer Kopfabrundung versehen, die keine Evolvente ist. Der Hohlradkopfkreis KK_2 kann also ohne Eingriffsverlust um dieses Stück l größer ausgedreht werden. Das Eingriffsende liegt nur in E (Schnittpunkt des Ritzelkopfkreises KK_1 mit der Eingriffsgeraden), wenn — wie im Bild 50 — der Radius des maßgebenden Schneidradkopfkreises $\geq O_sE$ ist.

Bei Schneidradzähnezahlen $z_s < 28$ bis ≥ 17 (s. Bild 51) kann der Schneidradkopf im Ritzelfuß wegen der Kopfkreiskrümmung nicht mehr das volle Profil nach DIN 867 ausschneiden (s. Abschn. 26). Die Geradflanke des Bezugsprofils der vom Schneidrad geschnittenen Planverzahnung ist daher verkürzt ($< m$) und

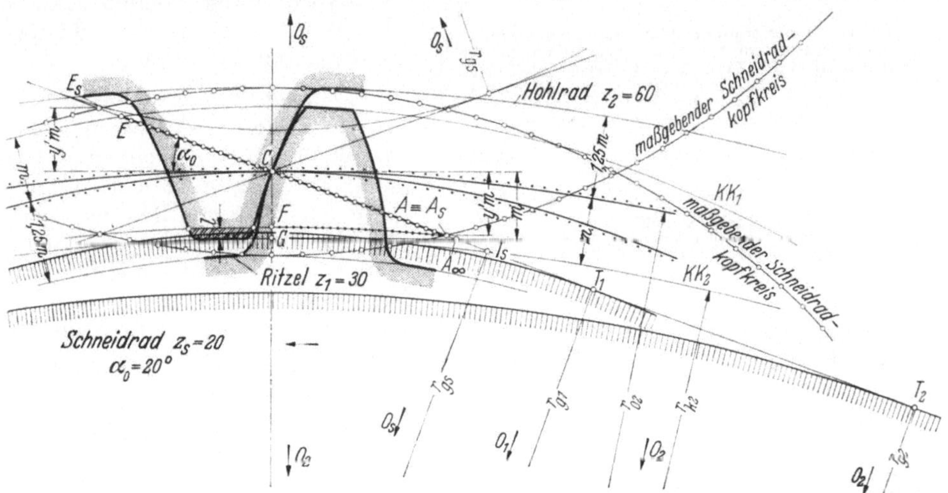

Bild 51. Innenverzahnung: Hohlrad und Ritzel mit Schneidrad $z_s = 20$ abgewälzt ($x_1 = x_2 = 0$; $\alpha_0 = 20°$; $h_{kw} = 1{,}25 \cdot m$). Index s: bezogen auf das Schneidrad.

geht im Abstand $y' \, m$ von der Profilbezugslinie BB in eine Fußabrundung über (Bild 52). Das Klemmen des Ritzelfußes im Hohlrad ist nur vermeidbar, wenn entweder die Hohlradköpfe um den Betrag l gekürzt werden ($r'_{k2} = r_{k2} + l \geq F O_2$, s. Bild 51) oder, wenn das Bezugsprofil der vom Schneidrad geschnittenen Planverzahnung eine seiner Fußabrundung entsprechende gleich große Kopfabrundung bekommt, wodurch die Hohlradköpfe abgerundet werden[1] (Bild 53). Durch diese

---

[1] Vorteil des gerundeten Kopfes: weicherer Eingriff.

Kopfabrundung kann allerdings die durch DIN 867 genormte Satzräderverzahnung nicht mehr geschnitten werden, so daß große außenverzahnte Räder, die mit solchen Schneidrädern mit Zähnezahlen $z_s < 28$ verzahnt würden, eine Kopfabrundung bekämen. Solche großen Räder erscheinen aber nur in außenverzahnten Getrieben, sie werden fast stets mit Zahnstangenwerkzeugen abgewälzt.

Schneidräder mit $z_s < 17$ würden, wenn sie als Nullräder ausgeführt wären, bei ihrer Herstellung mittels Zahnstangenwerkzeugs mit Bezugsprofil nach DIN 867 Unterschnitt bekommen. Man vermeidet ihn, indem man gewöhnlich das Schneidrad als *Grenzrad* ausführt und seine Fußflanken als radiale Geraden an den letzten am Grundkreis liegenden Evolventenpunkt anschließt. Zu der von allen Schneidrädern mit $z_s < 28$ geschnittenen unvermeidlichen Fußabrundung des Bezugsprofils der Planverzahnung kommt jetzt eine im Abstand $y'' m$ von BB beginnende Kopfabrundung.

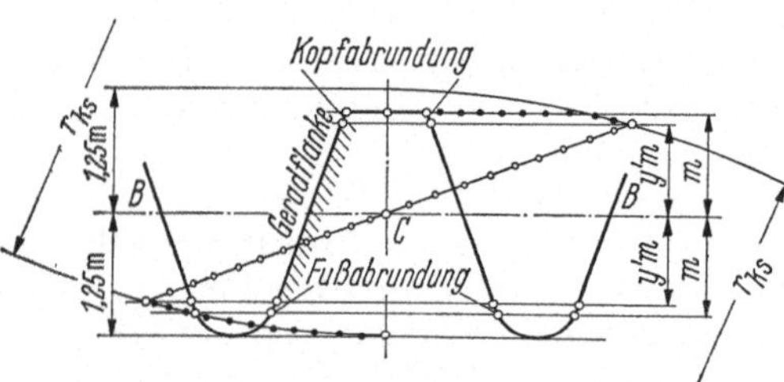

Bild 52. Bezugsprofil der Planverzahnung, geschnitten durch normales Schneidrad mit $z_s = 17$ (Schneidrad erzeugt durch Zahnstangenwerkzeug entsprechend DIN 867).

Bild 53. Bezugsprofil der Planverzahnung, geschnitten durch Schneidrad mit $z_s = 17$ mit Fußabrundung (Schneidrad erzeugt durch Zahnstangenwerkzeug mit Kopfabrundung, die im gleichen Abstand $y' m$ von BB beginnt, wie die zwangsläufig durch den Schneidradkopf entstehende Fußabrundung der Planverzahnung).

Den Geradflanken dieses Bezugsprofils (Bild 54) entsprechen wieder Evolventen, den nach einer Orthozykloide gekrümmten Abrundungen dagegen zyklische Kurven, weil die radiale Fußflanke des Grenzschneidrades ein Sonderfall der Hypozykloide ist. Wenn der maßgebende Schneidradkopfkreis bei Herstellung des Hohlrades jetzt die Eingriffslinie innerhalb $\overline{EC}$ (s. Bild 51) schneidet, ist eine entsprechende Kopfkürzung des Ritzels erforderlich.

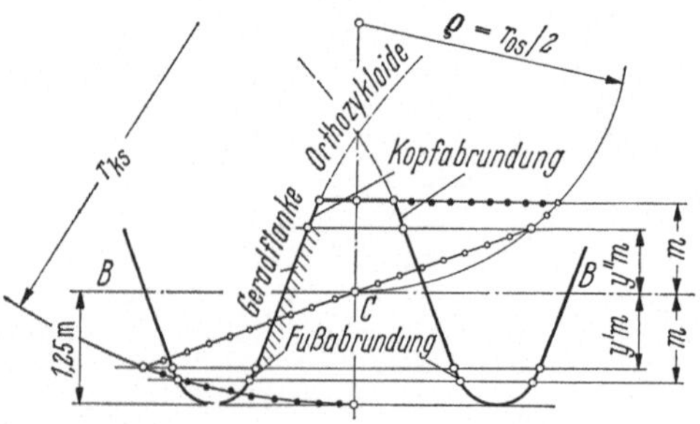

Bild 54. Bezugsprofil der Planverzahnung, geschnitten durch Schneidrad mit $z_s = 12$, das als Grenzrad ohne Unterschnitt mit radialen Fußflanken ausgeführt ist.

b) Hohlrad mit Schneidrad, Ritzel mit Zahnstangenwerkzeug abgewälzt. Wird das Ritzel mittels Zahnstangenwerkzeug hergestellt, ergeben sich gleiche Eingriffsverhältnisse wie bei Herstellung durch Schneidräder mit $z_s \geqq 28$.

Innengetriebe werden als Null-Getriebe, V-Null-Getriebe oder V-Getriebe ausgebildet.

Beim *Null-Getriebe* mit $\alpha_0 = 20°$ und $y = 1$ muß die Zähnezahldifferenz $z_2 - z_1 \gtrless 10$ betragen, da sonst die Zahnköpfe des Ritzels an den Stellen H an die Zahnköpfe des Hohlrades anstoßen (Bild 55). In solche Hohlräder können die Ritzel nur axial eingeschoben werden. Sollen sie radial angestellt werden, muß $z_2 - z_1 \geq 15$ sein.[1] Nur bei Stumpfverzahnung ($y < 1$) und großem Herstelleingriffswinkel sind Null-Innengetriebe mit $z_2 - z_1 \gtrless 2$ möglich. Mit Rücksicht auf die Grenzzähnezahl und die Tragfähigkeit der Ritzel haben Null-Getriebe nur bei größeren Ritzelzähnezahlen Bedeutung.

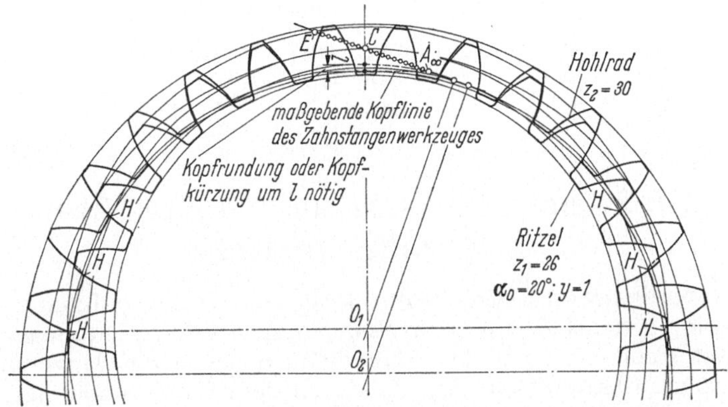

Bild 55. Eingriffsstörungen bei Innenverzahnung mit Übersetzungen nahe 1:1.

V-Null-Innengetriebe sind gekennzeichnet durch die gleiche, (praktisch stets) positive Profilverschiebung bei Innen- und Außenrad. Häufig wird die 05-Verzahnung nach DIN 3994 angewendet. Bei ihr ist die Mindest-Zähnezahldifferenz $z_2 - z_1 \geq 7$.

V$_{\text{plus}}$-Innengetriebe gestatten, die Zähnezahldifferenz bis zu $z_2 - z_1 = 1$ zu vermindern.

Über den Einfluß der Profilverschiebung auf die ausnutzbare Flankenlänge s. [7]. Erprobte Verzahnungsabmessungen und Zähnezahlen bei Innenverzahnungen mit $\alpha_0 = 20°$ (V-Nullverzahnungen) s. [6, Tab. 3/26]. Eine ausführliche Berechnung auf mögliche Eingriffsstörungen und Entwurfsvorschläge sind in [11] angegeben.

38. Achsabstand, Profilüberdeckung. Der *Achsabstand* beträgt bei Null- oder V-Null-Innengetrieben

$$a_0 = r_{02} - r_{01} = \frac{m}{2}(z_2 - z_1) \tag{45}$$

und bei V-Innengetrieben

$$a = r_{b2} - r_{b1} = \frac{m}{2}(z_2 - z_1) \cdot \frac{\cos \alpha_0}{\cos \alpha_b}. \tag{46}$$

Der Betriebseingriffswinkel folgt aus

$$\operatorname{ev} \alpha_b = 2 \frac{(x_2 - x_1)}{(z_2 - z_1)} \tan \alpha_0 + \operatorname{ev} \alpha_0. \tag{47}$$

Die *Profilüberdeckung* ergibt sich zu (s. Abschn. 37)

$$\varepsilon = \frac{g}{t_e} = \frac{1}{m \pi \cos \alpha_0}\left(\sqrt{r_{k1}'^2 - r_{g1}^2} - \sqrt{r_{k2}'^2 - r_{g2}^2} + a \cdot \sin \alpha_b\right), \tag{48}$$

wobei r_{k1}' und r_{k2}' die wirksamen Kopfkreisradien sind.

---

[1] Aus dem gleichen Grunde muß z_s im Vergleich zu z_2 niedrig gewählt werden, da das Schneidrad nach jedem Arbeitshub radial abgezogen wird, um nicht beim Rückhub die Hohlradköpfe zu streifen.

39. Kontrolle der Zahndicke beim Hohlrad. Das Nennmaß der Zahndicke im Teilkreis ergibt sich für das Hohlrad sinngemäß wie bei Außenstirnrädern zu $s_0 = m\,(\pi/2 - 2\,x \tan \alpha_0)$. Die Messung erfolgt in der Regel durch Kugel- oder Rollenmessung. Es ergibt sich ebenfalls sinngemäß wie bei außen verzahnten Rädern (s. Abschn. 35) bei gerader Zahnezahl $M_i = d_M - d_r = d_0 \dfrac{\cos \alpha_0}{\cos \alpha_M} - d_r$ und bei ungerader Zähnezahl $M_i = d_M \cdot \cos \dfrac{90°}{z} - d_r$. Der Winkel α_M folgt aus

$$\operatorname{ev} \alpha_M = \operatorname{ev} \alpha_0 - \frac{d_r}{m\,z \cos \alpha_0} + \frac{\pi + 4\,x \tan \alpha_0}{2\,z}.$$

III. Stirnräder mit schraubenförmigen Zähnen: Schrägstirnräder

40. Grundsätzliches. Die Flankenlinien der Planverzahnung (Schrägzahnstange, -zahnplatte) sind unter dem *Schrägungswinkel* β_0 rechtssteigende (Bild 1 c) oder linkssteigende Geraden. Die Flankenlinien des dieser Planverzahnung zugeordneten Schrägstirnrades werden daher auf dem Wälzzylindermantel Teile von links- bzw. rechtssteigenden Schraubenlinien. Die Tangenten an die Schraubenlinien auf dem Teil- bzw. Grundzylinder bilden mit den parallel zur Radachse verlaufenden Mantellinien dieser Zylinder die Schrägungswinkel β_0 bzw. β_g.

Die Ergänzungswinkel auf 90° bezeichnet man als *Steigungswinkel*: $\gamma = 90° - \beta$. Die Räder von Außengetrieben haben entgegengesetzten, die Räder von Innengetrieben gleichgerichteten Schrägungssinn.

Die Flanken sind Evolventen-Schraubenflächen, die beim Abwälzen der Wälzebene auf dem Grundzylinder entstehen: Jeder Punkt der in der Wälzebene liegenden Erzeugenden $\overline{FG}$ beschreibt eine Evolvente. Die Gesamtheit dieser Evolventen bildet die Evolventen-Schraubenfläche (Bild 56).

Da die Abwälzbewegung tangential zum Grundzylinder erfolgt, entsteht nur in der zur Radachse senkrechten *Stirnebene* ein Evolventenprofil, nicht jedoch in der zu den Flanken senkrechten *Normalebene* (vgl. Abschn. 41).

Vorteile gegenüber Geradstirnrädern: Die schräg auf den Zahnflanken verlaufenden Berührungslinien[1] bewirken allmähliches Eingreifen und dadurch verminderten Eingriffsstoß und Reibungsstoß, der Überdeckungsgrad ist wegen der Schräglage der Zähne höher, Verzahnungsfehler wirken sich weniger stark aus und die Grenzzähnezahl ist kleiner. Schrägstirnräder werden bevorzugt in schnelllaufenden Getrieben angewendet.

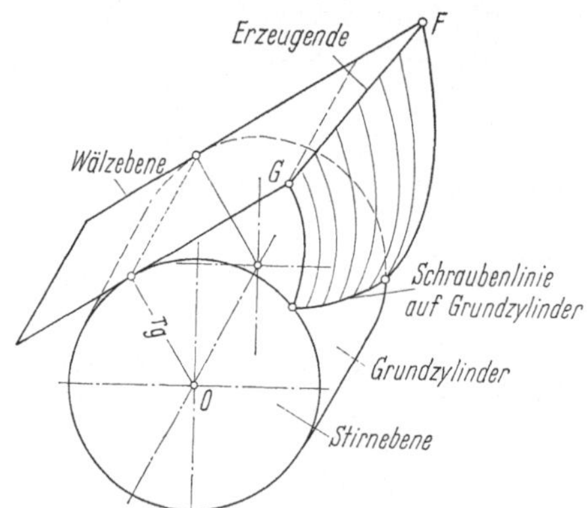

Bild 56. Entstehung der Evolventen-Schraubenfläche.

41. Stirnschnitt und Normalschnitt. Im Schnitt SS senkrecht zur Radachse des Schrägstirnrades (Stirnschnitt) erscheint das *Stirnprofil* mit Evolventenflanken (Bild 57). Dieses Stirnprofil ist maßgebend für die Berechnung von Zahn-

---

[1] Die Berührungslinien sind wie die Durchdringungskurve der Wälzebene mit der Evolventenschraubenfläche (s. Bild 56) Geraden.

dicke, Profilüberdeckung und Profilverschiebung. Das *Normalprofil* ergibt sich bei Schnitt der Verzahnung mit einer zu den Flanken senkrechten Schrauben-

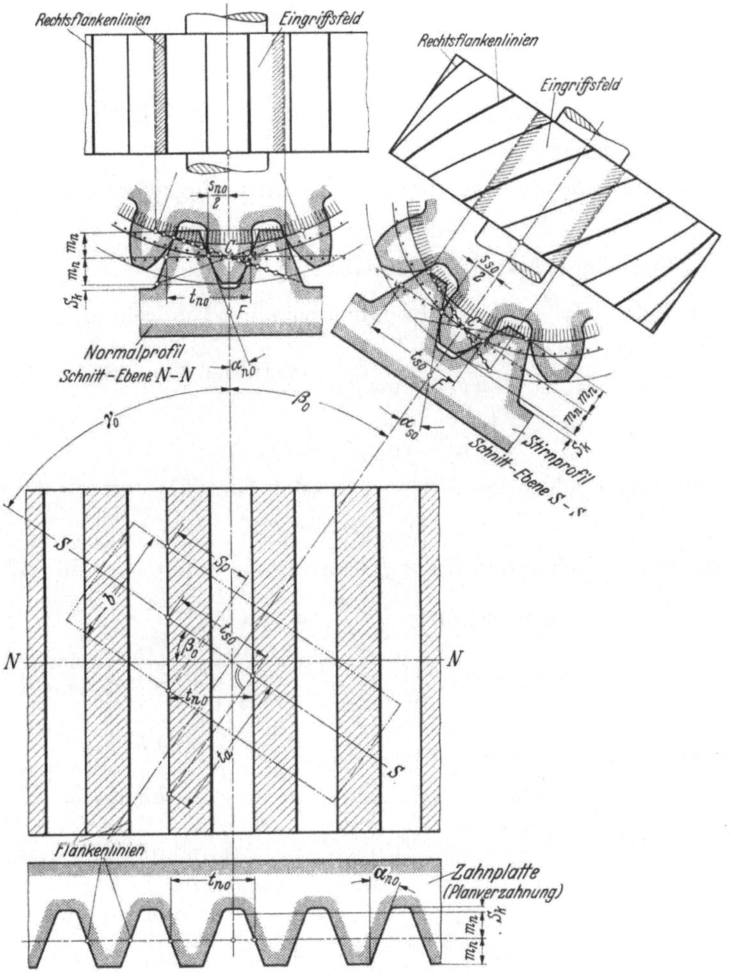

Bild 57. Geradstirnrad und Schrägstirnrad aus der Zahnplatte (Planverzahnung) durch Abwälzen entwickelt.

fläche. Das Normalprofil ist maßgebend für die Wahl der Werkzeuge bei der Herstellung. Geometrische Beziehungen (s. Bilder 57 u. 58):

Teilung, Modul, Schrägungswinkel, Eingriffs-winkel (Indizes: s Stirnschnitt; n Normalschnitt; a Achsschnitt[1]).

Normalteilung auf dem Teilzylinder:

$$t_{n0} = m_n \pi \,. \tag{49}$$

Normalmodul m_n = Werkzeugmodul; nach DIN 780 zu wählen.

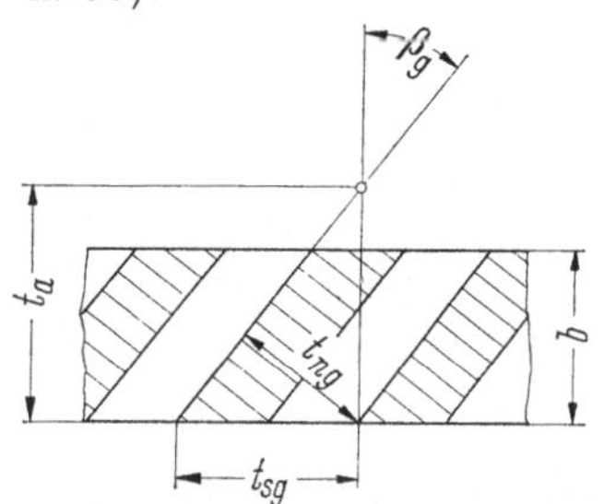

Bild 58. Teilungen in der Abwicklung des Grundzylinders.

---

[1] Achsschnitt = Eine Schnittebene, die die Radachse enthält.

Normalteilung auf dem Grundzylinder:

$$t_{ng} = m_{ng}\,\pi = t_{n0} \cdot \cos\alpha_{n0} \,. \tag{50}$$

Normaleingriffswinkel a_{n0} = Herstelleingriffswinkel.

Stirnteilung auf dem Teilzylinder:

$$t_{s0} = m_s\,\pi = t_{n0}/\cos\beta_0 \qquad \text{(s. Bild 57)} \tag{51}$$

Stirnmodul $m_s = d_0/z$.

Stirnteilung auf dem Grundzylinder (= Stirneingriffsteilung):

$$t_{sg} = t_{se} = t_{s0} \cdot \cos\alpha_{s0} \,. \tag{52}$$

α_{s0} = Stirneingriffswinkel [vgl. Gl. (56)].

Achsteilung $t_a = \dfrac{H}{z}$ mit H = Steigung bei einer Umdrehung der Schraubenlinie;

$$t_a = \frac{t_{s0}}{\tan\beta_0} = \frac{t_{sg}}{\tan\beta_g} \qquad \text{(s. Bilder 57 u. 58)} \; ; \tag{53}$$

$$t_a = \frac{t_{n0}}{\sin\beta_0} = \frac{t_{ng}}{\sin\beta_g} \,. \tag{54}$$

Beziehung zwischen den *Moduln*: aus den Gln. (51) und (49) folgt:

$$m_s = m_n/\cos\beta_0 \,. \tag{55}$$

Beziehung zwischen den *Eingriffswinkeln* α_{s0} und α_{n0} (s. Bild 57):

Normalschnitt: $\dfrac{s_{n0}}{2}\,\dfrac{1}{CF} = \tan\alpha_{n0}$,

Stirnschnitt: $\dfrac{s_{s0}}{2}\,\dfrac{1}{CF} = \dfrac{s_{n0}}{2\cos\beta_0}\,\dfrac{1}{CF} = \tan\alpha_{s0}$.

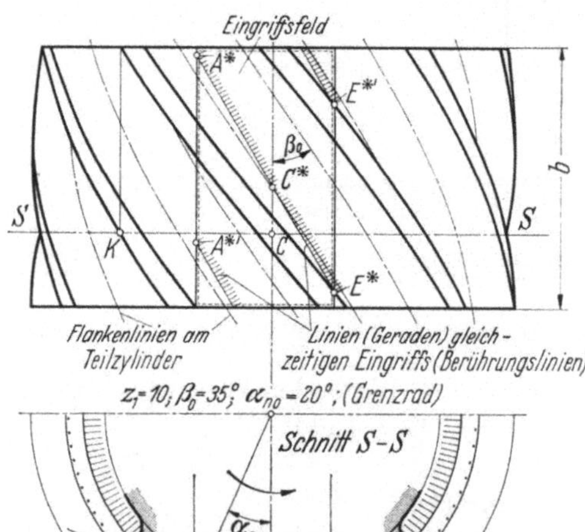

Bild 59. Geradliniger Verlauf des Eingriffs auf der Zahnflanke des Schrägstirnrades. $A^*C^*E^*$ = Linie (Gerade) des gleichzeitigen Eingriffs.

Daraus folgt:

$$\tan\alpha_{s0} = \frac{\tan\alpha_{n0}}{\cos\beta_0} \,. \tag{56}$$

Beziehungen zwischen den *Schrägungswinkeln* β_0 und β_g:

Aus den Gln. (53) und (52) folgt:

$$\frac{\tan\beta_g}{\tan\beta_0} = \frac{t_{sg}}{t_{s0}} = \cos\alpha_{s0} \,. \tag{57}$$

Aus den Gln. (54) und (50) folgt:

$$\frac{\sin\beta_g}{\sin\beta_0} = \frac{t_{ng}}{t_{n0}} = \cos\alpha_{n0} \,. \tag{58}$$

42. Überdeckungsgrad. Die schrägliegende ebene Zahnflanke der Evolventenzahnstange schneidet die den Grundzylinder tangierende Eingriffsebene in einer Geraden, die als die Erzeugende der Schrägstirnrad-Zahnflanke anzusehen ist. Diese Flanke ist also eine Geradenfläche. Daher berühren sich die Flanken zweier eingreifender Schrägstirnräder in schrägen Geraden $A*C*E*$ (s. Abschn. 40), die während der Drehung parallel und quer durch das rechteckige *Eingriffsfeld*, die Projektion der Eingriffsfläche, wandern (Bild 59).

Maßgebend für den Überdeckungsgrad der Schrägverzahnung in Richtung des Umfangs ist sowohl die Profilüberdeckung ε des Stirnprofils wie auch die Sprungüberdeckung ε_{sp} der Flankenlinien (Bilder 59 u. 57).

Die *Stirnprofilüberdeckung* bei unterschnittfreien Rädern ergibt sich wie bei Geradstirnrädern (s. Abschn. 32) mit den Verzahnungsgrößen des Stirnschnitts zu

$$\varepsilon = \frac{\overline{ACE}}{t_{se}} = \frac{\overline{ACE}}{t_{s0} \cos \alpha_{s0}}$$

$$= \frac{1}{2\, t_{s0} \cos \alpha_{s0}} \left[\left(\sqrt{d_{k1}^2 - d_{g1}^2} + \sqrt{d_{k2}^2 - d_{g2}^2} - (d_{b1} + d_{b2}) \cdot \sin \alpha_{sb} \right] \right. \tag{59}$$

Die Kopfkreisdurchmesser ergeben sich nach Gl. (28) zu:

$$d_{k1} = 2\,a - d_{f2} - 2\,S_k$$

$$d_{k2} = 2\,a - d_{f1} - 2\,S_k \qquad \text{mit}$$

$$d_f = d_0 + 2\,x\,m_n - 2\,y\,m_n - 2\,S_{kw}\,^1 \quad \text{und mit } d_0 = z \cdot m_s \tag{60}$$

und Gl. (55):

$$d_f = m_n \left(\frac{z}{\cos \beta_0} + 2\,x - 2\,y \right) - 2\,S_{kw}. \tag{61}$$

Bei voller Kopfkürzung kann wieder gesetzt werden [s. Abschn. 30 u. Gl. (29)]

$$\left. \begin{array}{l} d_{k1} = 2\,(a + y\,m_n - x_2\,m_n) - d_{02}, \\ d_{k2} = 2\,(a + y\,m_n - x_1\,m_n) - d_{01}. \end{array} \right\} \tag{62}$$

Die Grundkreisdurchmesser folgen zu:

$$d_g = z\,\frac{t_{sg}}{\pi} = z \cdot \frac{t_{s0}}{\pi} \cos \alpha_{s0} = z\,m_s \cos \alpha_{s0} = d_0 \cos \alpha_{s0} \tag{63}$$

und die Betriebswälzkreisdurchmesser zu

$$d_b = \frac{d_g}{\cos \alpha_{sb}} \tag{64}$$

bzw. mit $(d_{b1} + d_{b2}) = 2\,a$ zu

$$d_{b1} = \frac{2 \cdot z_1}{z_1 + z_2} \cdot a \quad \text{und} \quad d_{b2} = \frac{2 \cdot z_2}{z_1 + z_2} \cdot a. \tag{65}$$

Die Nomogramme Bilder 39 und 40 liefern über $\varepsilon = \varepsilon_1 + \varepsilon_2 - \varepsilon_a$ die Stirnprofilüberdeckung der Schrägstirnräder, wenn

$$y_{0k} = \frac{d_k - d_0}{2\,m_s} = (y + x - k) \cos \beta_0 \tag{66}$$

als auf den Stirnmodul bezogener *Kopfhöhenfaktor* des Rades eingeführt wird.

Der auf dem Teilkreis gemessene gegenseitige Versatz zwischen Anfangspunkt und Endpunkt einer Flankenlinie auf den beiden Stirnflächen des Schrägstirnrades wird als Sprung Sp bezeichnet (s. Bild 57).

Die *Sprungüberdeckung* ist das Verhältnis des Sprungs zur Stirnteilung:

$$\varepsilon_{sp} = \frac{S_p}{t_{s0}} = \frac{b \cdot \tan \beta_0}{t_{s0}}. \tag{67}$$

---

[1] x und y werden auf den Normalmodul bezogen.

Die Summe der Längen der Berührungslinien beim Durchgang eines Rades durch das Eingriffsfeld (Bild 59) bleibt nur konstant, wenn $b = n\,t_a\,(n = 1,2,3\ldots)$ ist, d. h., wenn ε_{sp} ganzzahlig wird. Deshalb sollte mit Rücksicht auf geräuscharmen Lauf eine ganzzahlige Sprungüberdeckung angestrebt werden.

43. Grenzzähnezahl und Spitzengrenze.

Die in Abschn. 26 abgeleitete Beziehung für die Grenzzähnezahl bei Herstellung mit Zahnstangenwerkzeug $z_g = 2\,y/\sin^2\alpha_0$ gilt hier sinngemäß für den Stirnschnitt. Da die Kopfhöhen in Stirn- und Normalschnitt gleich sind, wird mit $y_s\,m_s = y\,m_n$ dann

$$z_{gs} = \frac{2\,y_s}{\sin^2\alpha_{s0}} = \frac{2\,y\,\dfrac{m_n}{m_s}}{\sin^2\alpha_{s0}} \;.\; \text{Mit Gl. (55) folgt}$$

$$z_{gs} = \frac{2\,y\cos\beta_0}{\sin^2\alpha_{s0}} \text{ und mit den Gln. (56) bis (58) ergibt sich dann die Grenzzähne-}$$

zahl z_{gs} der mit Zahnstangenwerkzeug hergestellten Schrägstirnräder zu

$$z_{gs} = \frac{2\,y}{\sin^2\alpha_{n0}}\cos^2\beta_g \cdot \cos\beta_0 \text{ oder mit } z_g \text{ als Grenzzähnezahl der Geradstirnräder zu}$$

$$z_{gs} = z_g \cos^2\beta_g \cdot \cos\beta_0 \;. \tag{68}$$

Analog gilt für praktische Grenzräder

$$z'_{gs} = z'_g \cos^2\beta_g \cdot \cos\beta_0 \;. \tag{69}$$

Den Ausdruck

$$\frac{z\,(\text{Schrägzahnrad})}{\cos^2\beta_g \cdot \cos\beta_0} \approx \frac{z}{\cos^3\beta_0} = z_v \tag{70}$$

bezeichnet man als *virtuelle Zähnezahl* und versteht darunter die Zähnezahl eines Geradstirnrades, dessen Verzahnung der des Schrägstirnrades im Normalschnitt näherungsweise entspricht. Diese Ersatzverzahnung legt man der Festigkeitsberechnung zugrunde.

Die zur Vermeidung von Unterschnitt erforderliche Mindestprofilverschiebung $x\,m_n$ ergibt sich entsprechend Abschn. 29 aus

$$x = \frac{z_{gs} - z}{z_{gs}} = \frac{z_g - z/\cos^2\beta_g \cdot \cos\beta_0}{z_g} \quad (\text{bei } y = 1) \;. \tag{71}$$

Bild 60 zeigt den Einfluß des Schrägungswinkels β_0 auf die Grenzzähnezahl von Nullrädern sowie die Spitzengrenze ($s_{nk} = 0$) von V_{plus}-Rädern, die als praktische Grenzräder ausgebildet sind.

Die *Zahndicke* am Kopfkreisdurchmesser im Normalschnitt s_{nk} ist aus der Zahndicke am Kopfkreisdurchmesser im Stirnschnitt s_{sk} zu ermitteln:

Nach Gl. (12) ergibt sich

$$s_{sk} = d_k\left(\frac{s_{s0}}{d_0} + \text{ev }\alpha_{s0} - \text{ev }\alpha_{sk}\right) \tag{72}$$

mit $2\,r_y = d_y = d_k$. Analog Gl. (16) wird

$$s_{s0} = \frac{t_{s0}}{2} + 2\,x\,m_n \tan\alpha_{s0}$$

und analog Gl. (13) ergibt sich α_{sk} aus

$$\cos\alpha_{sk} = \frac{d_0}{d_k}\cdot\cos\alpha_{s0}.$$

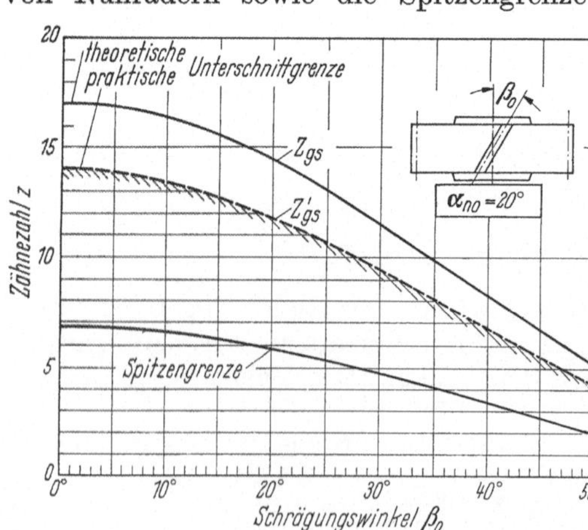

Bild 60. Einfluß des Schrägungswinkels β_0 auf die theoretische und praktische Unterschnittgrenze von Nullrädern und die Spitzengrenze von praktischen V_{plus}-Grenzrädern ($\alpha_{n0} = 20°$).

Im Normalschnitt beträgt die Zahndicke am Zahnkopf (als Bogenlänge zwischen den beiden Flanken eines Zahnes auf einer Schraubenlinie senkrecht zu den Flankenlinien auf dem Kopfzylinder gemessen):

$$s_{nk} = s_{sk} \cdot \cos \beta_k \; ;$$

mit

$$\cos \beta_k = \frac{1}{\sqrt{1 + \tan^2 \beta_k}} \qquad \text{und} \qquad \tan \beta_k = \frac{d_k}{d_0} \tan \beta_0$$

wird

$$s_{nk} = s_{sk} \frac{d_0}{\sqrt{d_0^2 + d_k^2 \tan^2 \beta_0}} \; . \tag{73}$$

44. Schrägstirnrad-Getriebe werden wie Geradstirnrad-Getriebe als Null-, V-Null- und V-Getriebe ausgeführt. Die Profilverschiebungen werden auch hier vorgenommen, um Unterschnitt zu vermeiden, um Tragfähigkeit und Gleitverhältnisse zu verbessern und um einen bestimmten Achsabstand zu erreichen. Die letzte Forderung läßt sich auch durch Änderung des Schrägungswinkels erfüllen. Meist jedoch ist ein ganzzahliger Wert für den Schrägungswinkel β_0 aus fertigungstechnischen Gründen erwünscht, weil er sich an den Werkzeugmaschinen einfacher einstellen und bei den Wechselrädern leichter einrichten läßt.

Wegen der mit wachsendem Schrägungswinkel steigenden Axialkraft gelten für die Wahl von β_0 folgende Richtwerte:

einfache Schrägverzahnung i. a. β_0 bis 20°
einfache Schrägverzahnung bei schmalen Rädern in Kraftfahrzeuggetrieben β_0 bis 40°
doppelte Schrägverzahnung (Pfeilverzahnung, Bild 1 d) β_0 bis 45°.

Bestimmungsgrößen: vgl. Abschn. 30.

Achsabstand bei flankenspielfreiem Eingriff:

$$a = \frac{d_{b_1} + d_{b_2}}{2} = a_0 \frac{\cos \alpha_{s0}}{\cos \alpha_{sb}} = m_s \frac{z_1 + z_2}{2} \frac{\cos \alpha_{s0}}{\cos \alpha_{sb}} = \frac{m_n}{\cos \beta_0} \frac{z_1 + z_2}{2} \frac{\cos \alpha_{s0}}{\cos \alpha_{sb}} \; . \tag{74}$$

Evolventenfunktion des *Betriebseingriffswinkels*:[1]

$$\operatorname{ev} \alpha_{sb} = 2 \frac{x_1 + x_2}{z_1 + z_2} \tan \alpha_{n0} + \operatorname{ev} \alpha_{s0} \; . \tag{75}$$

Richtwerte für die Wahl der Profilverschiebungen entsprechend den Anforderungen an das Getriebe gibt DIN 3992. Bei der Ermittlung der Profilverschiebungsfaktoren aus Bild 63 ist an Stelle der Zähnezahl z die virtuelle Zähnezahl z_v nach Gl. (70) zugrunde zu legen.

45. Flankenspiel, Bestimmung der Zahndicke im Teilkreis. Die Beziehungen zur Berechnung des Verdreh- und Eingriffsflankenspiels, der Zahnweite W und des Prüfmaßes M entsprechen sinngemäß denen, die in den Abschn. 34 und 35 für Geradstirnräder angegeben sind. Sie sollen nachstehend ohne Ableitung zusammengestellt werden (s. auch DIN 3960).

Verdrehflankenspiel[2]:

$$\left. \begin{array}{l} S_{d\,\max} = -\,(A_{us1} + A_{us2}) + 2\,A_{oa} \tan \alpha_{sb} \; ; \\[4pt] S_{d\,\min} = -\,(A_{os1} + A_{os2}) + 2\,A_{ua} \tan \alpha_{sb} \; . \end{array} \right\} \tag{76}$$

Eingriffsflankenspiel[2]:

$$\left. \begin{array}{l} S_{e\,\max} = -\,(A_{us1} + A_{us2}) \cos \beta_0 \cos \alpha_{n0} + 2\,A_{oa} \sin \alpha_{nb} \; ; \\[4pt] S_{e\,\min} = -\,(A_{os1} + A_{os2}) \cos \beta_0 \cos \alpha_{n0} + 2\,A_{ua} \sin \alpha_{nb} \; . \end{array} \right\} \tag{77}$$

---

[1] Die Profilverschiebungsfaktoren sind stets auf m_n bezogen.
[2] Die Zahndickenabmaße und Achsabstandsabmaße sind gemäß DIN 3961 für Geradstirnräder mit dem Eingriffswinkel α_{s0} bzw. α_{sb} zu ermitteln.

Zahnweite (Nennmaß)[1] (s. auch 10. Berechnungsbeispiel):

$$W = m_n \cos\alpha_{n\,0}\,[(z' - 0{,}5)\,\pi + z\,\mathrm{ev}\,\alpha_{s\,0} + 2\,x\,\tan\alpha_{n\,0}] \tag{78}$$

mit

$$z' = z_i\,\frac{\alpha_{ix}^{0}}{180^\circ} + 0{,}5 \quad \text{(Näherungsgleichung)}, \tag{79}$$

$$z_i = z\,\frac{\mathrm{ev}\,\alpha_{s\,0}}{\mathrm{ev}\,\alpha_{n\,0}} \tag{80}$$

und

$$(\alpha_{tx}) \quad \text{aus} \quad \cos\alpha_{ix} = \cos\alpha_{n\,0}\,\frac{z_i}{z_i + 2\,x}\,. \tag{81}$$

Prüfmaß M_a (Nennmaß):

$$M_a = d_0\,\frac{\cos\alpha_{s\,0}}{\cos\alpha_{s\,M}} + d_r \quad \text{(bei gerader Zähnezahl)}\,; \tag{82}$$

$$M_a = d_0\,\frac{\cos\alpha_{s\,0}}{\cos\alpha_{s\,M}}\,\cos\frac{90^\circ}{z} + d_r \quad \text{(bei ungerader Zähnezahl)} \tag{83}$$

mit $\alpha_{s\,M}$ aus

$$\mathrm{ev}\,\alpha_{s\,M} = \mathrm{ev}\,\alpha_{s\,0} + \frac{d_r}{m_n\,z\,\cos\alpha_{n\,0}} - \frac{\pi - 4\,x\,\tan\alpha_{n\,0}}{2\,z} \tag{84}$$

IV. Angaben auf Zeichnungen

Die für Fertigung und Kontrolle von Stirnrädern notwendigen Maße und Toleranzen werden in der Regel nach DIN 3966 angegeben. Diese Angaben werden teilweise unmittelbar in der Zeichnung der Räder und teilweise in einer auf der Zeichnung angeordneten Tabelle eingetragen.

Die Schnittzeichnung (s. Bild 61) enthält danach mindestens folgende Angaben: Kopfkreisdurchmesser d_k (ggfs. mit Toleranzangabe), Teilkreisdurchmesser d_0, Fußkreisdurchmesser d_f in Sonderfällen, Zahnbreite, Oberflächenzeichen bei Bedarf, zulässige Rundlaufabweichung

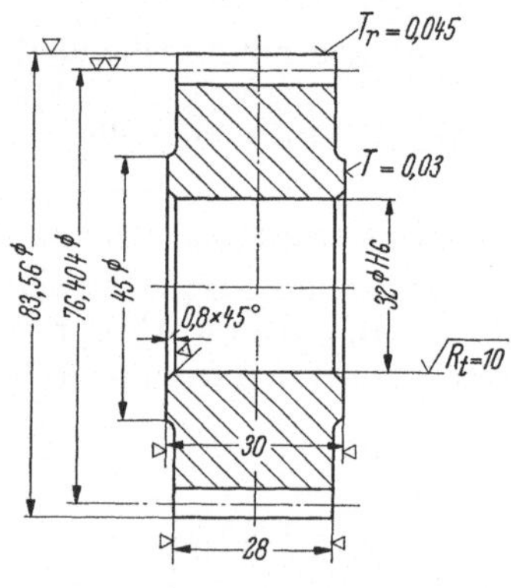

Schrägstirnrad		
Zähnezahl	z	30
Normalmodul	m_n	2,5
Bezugsprofil		DIN 867
Profilverschiebungsfaktor	x	+0,47
Zahnhöhe	h_z	5,32
Schrägungswinkel	β_0	11°
Flankenrichtung		links
Qualität, Toleranzfeld		8 f S″ DIN 3967
Zahnweite und Zahnweitenabmaße	W A_W	$27{,}743\ {}^{-0,033}_{-0,067}$
Nummer des Gegenrades		
Zähnezahl des Gegenrades		94
Achsabstand im Gehäuse und Abmaße		160 ± 0,05

Bild 61. Beispiel für Angaben auf der Zeichnung eines Schrägstirnrades[2].

---

[1] Die zugehörigen Zahnweitenabmaße werden DIN 3967 entnommen und entsprechend dem Schrägungswinkel β_0 umgerechnet.

[2] Kurzzeichen S'' kennzeichnet Sammelfehlerprüfung mit dem Zweiflankenwälzprüfgerät.

T_r und zulässige Planlaufabweichung T des Radkörpers sowie die Maße und Toleranzen für die Bohrung usw. Gegebenenfalls ist mit Rücksicht auf das Aufspannen in der Verzahnungsmaschine und das Ansetzen von Meßgeräten eine Seite des Rades als Vorderseite zu definieren.

Die Verzahnungsdaten werden in einer besonderen Tabelle (s. Bild 61) aufgeführt. Sie umfassen mindestens: Zähnezahl, Modul, Angabe des Bezugsprofils, Profilverschiebungsfaktor, Zahnhöhe, Schrägungswinkel[1], Flankenrichtung[1], Qualität und Toleranzfeld, Nennmaß und Abmaße von Zahndicke oder Zahnweite oder Prüfmaß M, Nummer des Gegenrades, Zähnezahl des Gegenrades, Achsabstand im Gehäuse mit Abmaßen. Dazu können je nach möglicher oder erforderlicher Abnahmeprüfung (Einflankenwälzprüfung, Zweiflankenwälzprüfung, Einzelfehlerprüfung) Angaben über zulässige Fehler treten (s. Beispiele in DIN 3966). Darüberhinaus sind auf der Zeichnung Werkstoff und Wärmebehandlung anzugeben.

V. Berechnungsbeispiele

Vorbemerkung. Für verzahnungsgeometrische Berechnungen reicht in der Regel die Rechenschiebergenauigkeit nicht aus. Die folgenden Beispiele 1 bis 9 wurden mit einer Tischrechenmaschine durchgerechnet, Beispiel 10 mit einem Digitalrechner ZUSE Z 23. Dieses letzte einfache Beispiel soll zeigen, wie für zahlreiche verzahnungsgeometrische Berechnungen — insbesondere beim Entwurf von Getriebereihen — ein elektronischer Rechner wirtschaftlich eingesetzt werden kann, weil er die zeitraubende Routinearbeit in kurzer Zeit mit der gewünschten Genauigkeit und Zuverlässigkeit ausführt.

1. Beispiel: Für ein Geradstirnrad-Getriebe ist die spezifische Gleitung bei Berührung der Flanken in den Punkten A und E der Eingriffslinie zu bestimmen. $z_1 = 21$; $z_2 = 53$;

$$m = 3,5 \text{ mm}; \alpha_0 = 20°; x_1 = x_2 = 0; y = 1.$$

Die spezifische Gleitung ergibt sich nach den Gl. (8) und (9) zu

$$\psi_1 = \frac{\varrho_1 - \varrho_2\, z_1/z_2}{\varrho_1} \quad \text{für Rad 1} \quad \text{und}$$

$$\psi_2 = \frac{\varrho_2 - \varrho_1\, z_2/z_1}{\varrho_2} \quad \text{für Rad 2 .}$$

Bei Berührung im Punkt A (Bild 62) ergibt sich:

$$\varrho_1 = C\,T_1 - g_1 ; \quad \varrho_2 = C\,T_2 + g_1 .$$

$$C\,T_1 = r_{01} \sin \alpha_0 = \frac{z_1\, m}{2} \sin \alpha_0 = 12{,}568 \text{ mm} ;$$

$$C\,T_2 = r_{02} \sin \alpha_0 = \frac{z_2\, m}{2} \sin \alpha_0 = 31{,}720 \text{ mm} .$$

$$g_1 = \frac{1}{2} \left(\sqrt{d_{k\,2}^2 - d_{g\,2}^2} - d_{02} \sin \alpha_0 \right) = 9{,}123 \text{ mm}$$

mit $\quad d_{k\,2} = d_{02} + 2\,m = (z_2 + 2)\,m = 192{,}5 \text{ mm}$
nach Gl. (20) ,

$\quad\quad d_{g\,2} = d_{02} \cdot \cos \alpha_0 = 174{,}314 \text{ mm}$
nach Gl. (7) .

Daraus folgt: $\varrho_1 = 3{,}446 \text{ mm} ; \quad \varrho_2 = 40{,}843 \text{ mm}$
und

$$\psi_{1\,A} = -3{,}696 ; \quad \psi_{2\,A} = +0{,}787 .$$

Analog gilt für Punkt E:

$$\varrho_1' = C\,T_1 + g_2 ; \quad \varrho_2' = C\,T_2 - g_2 .$$

$$g_2 = \frac{1}{2} \left(\sqrt{d_{k\,1}^2 - d_{g\,1}^2} - d_{01} \sin \alpha_0 \right) = 8{,}106 \text{ mm}$$

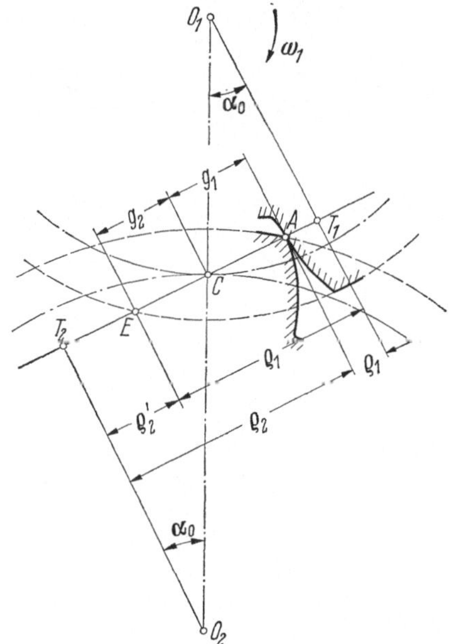

Bild 62. Ermittlung der Flankenkrümmungsradien.

mit $\quad d_{k1} = d_{01} + 2\,m = (z_1 + 2)\,m = 80,5$ mm

$\qquad d_{g1} = d_{01} \cos \alpha_0 = 69,068$ mm

Daraus folgt: $\quad \varrho_1' = 20,674$ mm; $\quad \varrho_2' = 23,614$ mm $\quad$ und

$$\psi_{1E} = + 0,452 \,; \qquad \psi_{2E} = - 2,017 \,.$$

2. Beispiel. Aufgabenstellung wie im Beispiel 1, jedoch Getriebe als V-Null-Getriebe mit $x_1 = + 0,2$, $x_2 = - 0,2$ ausgeführt.

$C\,T_1$; $C\,T_2$; d_0 und d_g wie im Beispiel 1.

$$d_{k1} = d_{01} + 2\,m + 2\,x_1\,m = \ 81,9 \text{ mm} \qquad \text{und}$$

$$d_{k2} = d_{02} + 2\,m + 2\,x_2\,m = 191,1 \text{ mm} \qquad \text{nach Gl. (20)}$$

$$g_1 = \frac{1}{2}\left(\sqrt{d_{k2}^2 - d_{g2}^2} - d_{02} \sin \alpha_0\right) = 7,445 \text{ mm}$$

$$g_2 = \frac{1}{2}\left(\sqrt{d_{k1}^2 - d_{g1}^2} - d_{01} \sin \alpha_0\right) = 9,440 \text{ mm} \,.$$

Damit folgt:

$$\varrho_1 = 5,124 \text{ mm} \,; \qquad \varrho_2 = 39,165 \text{ mm}$$

und

$$\psi_{1A} = - 2,030 \,; \qquad \psi_{2A} = + 0,549 \,.$$

Analog ergibt sich für den Endpunkt der Eingriffsstrecke:

$$\varrho_1' = 22,01 \text{ mm} \,; \qquad \varrho_2' = 22,28 \text{ mm}$$

und

$$\psi_{1E} = + 0,599 \,; \qquad \psi_{2E} = - 2,933 \,.$$

Die spezifische Gleitung hat sich somit im Eingriffspunkte A gegenüber den Werten aus Beispiel 1 vermindert.

3. Beispiel. Für die Ritzel der Beispiele 1 und 2 ist die Zahndicke am Kopfkreis zu berechnen.

a) Nullrad mit $z_1 = 21$; $x_1 = 0$; $m = 3,5$ mm; $\alpha_0 = 20°$

$$d_{01} = 73,5 \text{ mm} \,; \qquad d_{k1} = 80,5 \text{ mm (wie im Beispiel 1)} \,.$$

Die Zahndicke am Durchmesser d_{k1} [s. Gl. (12)] wird $s_{k1} = d_{k1}\left(\dfrac{s_{01}}{d_{01}} + \text{ev } \alpha_0 - \text{ev } \alpha\right)$.

Mit $\alpha = 30,908°$ aus $\cos \alpha = \dfrac{d_{01}}{d_{k1}} \cdot \cos \alpha_0$ [s. Gl. (13)] und $s_{01} = \dfrac{m\,\pi}{2} = 5,498$ mm aus Gl. (16) sowie mit $\text{ev } \alpha_0 - \text{ev } \alpha = - 0,0443265$ (aus Tab. 3) folgt dann $s_{k1} = 2,453$ mm $\widehat{=} 0,70 \cdot m$.

b) V$_{\text{plus}}$-Rad mit $z_1 = 21$; $x_1 = + 0,2$; $m = 3,5$ mm; $\alpha_0 = 20°$

$$d_{01} = 73,5 \text{ mm} \,; \qquad d_{k1} = 81,9 \text{ mm} \qquad \text{(wie im Beispiel 2)} \,.$$

$\alpha = 32,507°$ folgt aus $\cos \alpha = \dfrac{d_{01}}{d_{k1}} \cos \alpha_0$ und $s_{01} = m\,(\pi/2 + 2\,x_1 \tan \alpha_0) = 6,007$ mm aus Gl. (16).

Damit folgt: $s_{k1} = 2,191$ mm $\widehat{=} 0,626 \cdot m$.

4. Beispiel. Welche Profilverschiebung muß ein geradverzahntes Ritzel eines Motoranlassers mit $z = 7$, $\alpha_0 = 25°$, $m = 3$ mm, $y = 1$ erhalten, wenn Unterschnitt vermieden werden soll? Bei welchem Kopfkreisdurchmesser wird der Zahn spitz und wie groß ist der Kopfkreisdurchmesser auszuführen, wenn das Gegenrad (Zahnkranz mit $z_2 = 90$) so korrigiert wird, daß ein V-Null-Getriebe entsteht? Wie groß ist der Achsabstand?

Theoretische Grenzzähnezahl [Gl. (10)]: $z_g = \dfrac{2\,y}{\sin^2 \alpha_0} = \dfrac{2}{0,17861} = 11,198$.

Praktische Grenzzähnezahl [Gl. (11)]: $z'_g = 5/6\,z_g = 5/6 \cdot 11,2 = 9,34$.
Erforderliche Profilverschiebung, wenn ein

theoretisches Grenzrad entstehen soll [Gl. (21)]: $x_1 = \dfrac{z_g - z_1}{z_g} = \dfrac{11,2 - 7}{11,2} = + 0,375$.

praktisches Grenzrad entstehen soll [Gl. (22)]: $x_1 = \dfrac{z'_g - z_1}{z_g} = \dfrac{9,34 - 7}{11,2} = + 0,209$.

Da bei einer Profilverschiebung von $x_1 = + 0{,}375$ die Spitzengrenze bereits geringfügig überschritten ist, wird gewählt:

$$x_1 = + 0{,}250\,, (x_2 = - 0{,}250)\,.$$

Kopfkreisdurchmesser, bei dem der Zahn spitz wird: $d_1' = d_{01}\, \dfrac{\cos \alpha_0}{\cos \alpha'}$ [s. Gl (14)].

α' folgt aus ev $\alpha' = \dfrac{s_{01}}{d_{01}} + \text{ev } \alpha_0$ [s. Gl. (15)] mit $s_{01} = m \left(\dfrac{\pi}{2} + 2\, x_1 \tan \alpha_0 \right)$ [nach Gl. (16)] und $d_{01} = m\, z_1$:

$$\text{ev } \alpha' = \frac{\pi/2 + 2\, x_1 \tan \alpha_0}{z_1} + \text{ev } \alpha_0 = \frac{1{,}57079 + 0{,}5 \cdot 0{,}46631}{7} + 0{,}0299753\,,$$

$$\text{ev } \alpha' = 0{,}287683 \,; \quad \alpha' = 48{,}6727° \,.$$

Damit ergibt sich $d_1' = 28{,}822$ mm .

Auszuführender Kopfkreisdurchmesser für V-Null-Getriebe [entsprechend Gl. (20)]:

$$d_{k\,1} = m\,(z_1 + 2 + 2\, x_1) = 28{,}5 \text{ mm} \,.$$

Achsabstand [s. Gl. (5)]: $a = a_0 = r_{01} + r_{02} = m\, \dfrac{(z_1 + z_2)}{2} = 3 \cdot \dfrac{97}{2} = 145{,}5$ mm .

5. Beispiel. Ein Geradstirnrad-Getriebe mit $z_1 = 12$; $z_2 = 23$; $m = 10$ mm soll als V-Getriebe mit 05-Verzahnung[1] ausgebildet werden. Die Herstellung der Räder erfolgt mittels Zahnstangenwerkzeug mit Bezugsprofil I nach DIN 3972 ($h_{kw} = 1{,}167 \cdot m$). Zu bestimmen sind Betriebseingriffswinkel, Achsabstand, Kopfkürzung für ein Kopfspiel[2] von $S_k = 0{,}15 \cdot m$ und Profilüberdeckung.

Betriebseingriffswinkel α_b folgt aus Gl. (24):

$$\text{ev } \alpha_b = \frac{2 \tan \alpha_0\, (x_1 + x_2)}{z_1 + z_2} + \text{ev } \alpha_0 \qquad \text{mit } x_1 = x_2 = + 0{,}5$$
$$\alpha_0 = 20°$$

$$= \frac{2 \cdot 0{,}36397 \cdot 1}{35} + 0{,}0149044 = 0{,}0357027$$

$$\alpha_b = 26{,}4152° \,.$$

Achsabstand: $a = a_0 \cdot \dfrac{\cos \alpha_0}{\cos \alpha_b} = m \cdot \dfrac{z_1 + z_2}{2} \cdot \dfrac{\cos \alpha_0}{\cos \alpha_b} = 175 \cdot \dfrac{0{,}93969}{0{,}89560}$ [s. Gl. (25)],

$$a = 183{,}617 \text{ mm} \,.$$

Kopfkürzung nach Gl. (26): $k\,m = S_k - S_{kw} + (a_\rho - a)$
$$= S_k - (h_{kw} - m) + [a_0 + m\,(x_1 + x_2) - a]$$
$$= 0{,}15 \cdot 10 - 0{,}167 \cdot 10 + 175 + 10 \cdot 1 - 183{,}617\,,$$
$$k\,m = 1{,}213 \text{ mm} \,.$$

Kopfkreisdurchmesser nach Gl. (27): $d_k = d_0 + 2\,m + 2\,x\,m - 2\,k\,m$
$$= m\,(z + 2 + 2\,x - 2\,k)\,,$$
$$d_{k\,1} = 10\,(12 + 2 + 1 - 0{,}2426) = 147{,}574 \text{ mm}\,,$$
$$d_{k\,2} = 10\,(23 + 2 + 1 - 0{,}2426) = 257{,}574 \text{ mm}\,.$$

(Der höchstzulässige Kopfkreisdurchmesser bei $z_1 = 12$ beträgt mit Rücksicht auf die Spitzengrenze $s_k = 0{,}3 \cdot m$ nach DIN 3995 $d_{k\,1\,\text{max}} = 149{,}790$ mm).

Profilüberdeckung nach Gl. (30):

$$\varepsilon = \frac{1}{2\,\pi\,m \cos \alpha_0} \left[\sqrt{d_{k\,1}^2 - d_{g\,1}^2} + \sqrt{d_{k\,2}^2 - d_{g\,2}^2} - (d_{b\,1} + d_{b\,2}) \sin \alpha_b \right]$$

$$d_{g\,1} = d_{01} \cos \alpha_0 = m\, z_1 \cos \alpha_0 = 112{,}763 \text{ mm}\,,$$
$$d_{g\,2} = d_{02} \cos \alpha_0 = m\, z_2 \cos \alpha_0 = 216{,}129 \text{ mm} \qquad \text{[s. Gl. (7)]}\,,$$

$$d_{b\,2} = \frac{d_{g\,1}}{\cos \alpha_b} = \frac{2\, z_1}{z_1 + z_2} \cdot a = \frac{24}{35} \cdot 183{,}617 = 125{,}906 \text{ mm}\,,$$

$$d_{b\,1} = \frac{d_{g\,2}}{\cos \alpha_b} = \frac{2\, z_2}{z_1 + z_2} \cdot a = \frac{46}{35} \cdot 183{,}617 = 241{,}328 \text{ mm} \qquad \text{[s. Gln. (3), (4) und (6)]}\,.$$

Damit ergibt sich $\varepsilon = 1{,}219$.

---

[1] Siehe DIN 3994, 3995.

[2] Da mit Rücksicht auf höhere Profilüberdeckung auf die Satzrädereigenschaft verzichtet werden soll, kann der Kopfkreisdurchmesser entsprechend dem gewünschten Kopfspiel $S_k = 0{,}15 \cdot m$ gewählt werden (s. DIN 3994).

6. Beispiel. Die Profilüberdeckung des Getriebes nach Beispiel 5 ist mit Hilfe der Nomogramme Bilder 39 und 40 näherungsweise zu bestimmen.

$$y_{0k} = \frac{d_k - d_0}{2\,m}\ \text{[s. Gl. (31)]}\ ;\qquad y_{0k1} = \frac{27,574}{2\cdot 10} = y_{0k2} = 1,378 \approx 1,38 \ .$$

Aus Bild 39 folgt: $\varepsilon_1 = 1,59$; $\varepsilon_2 = 2,36$.
Aus Bild 40 folgt: $\varepsilon_a = 2,75,$ für $z_1 + z_2 = 35;$ $x_1 + x_2 = 1$

$$\varepsilon = \varepsilon_1 + \varepsilon_2 - \varepsilon_a = 1,2 \ .$$

7. Beispiel. Ein ins Langsame übersetzendes Geradstirnrad-Getriebe mit $z_1 = 23; u = 3,15$ (zugelassene Abweichung $\pm 3\%$); $m = 3$ mm und $\alpha_0 = 20°$ soll nach den Empfehlungen der DIN 3992 (s. Bild 63) als V-Getriebe für a) hohe Tragfähigkeit und b) hohe Profilüberdeckung ausgebildet werden. Wie groß werden Achsabstände, Profilverschiebungsfaktoren und Profilüberdeckung (näherungsweise nach Bildern 39 und 40)?

$$z_2 = u \cdot z_1 = 72,5 \pm 3\% \qquad \text{gewählt: } z_2 = 73 \ ,$$

$$a_0 = \frac{m}{2}\,(z_1 + z_2) = \frac{3}{2}\cdot 96 = 144 \ \text{mm} \ .$$

a) Getriebe hoher Tragfähigkeit:
Nach Bild 63 ergibt sich für $z_1 + z_2 = 96$ und Linie P 9: $x_1 + x_2 = +1,2$ (Punkt A).

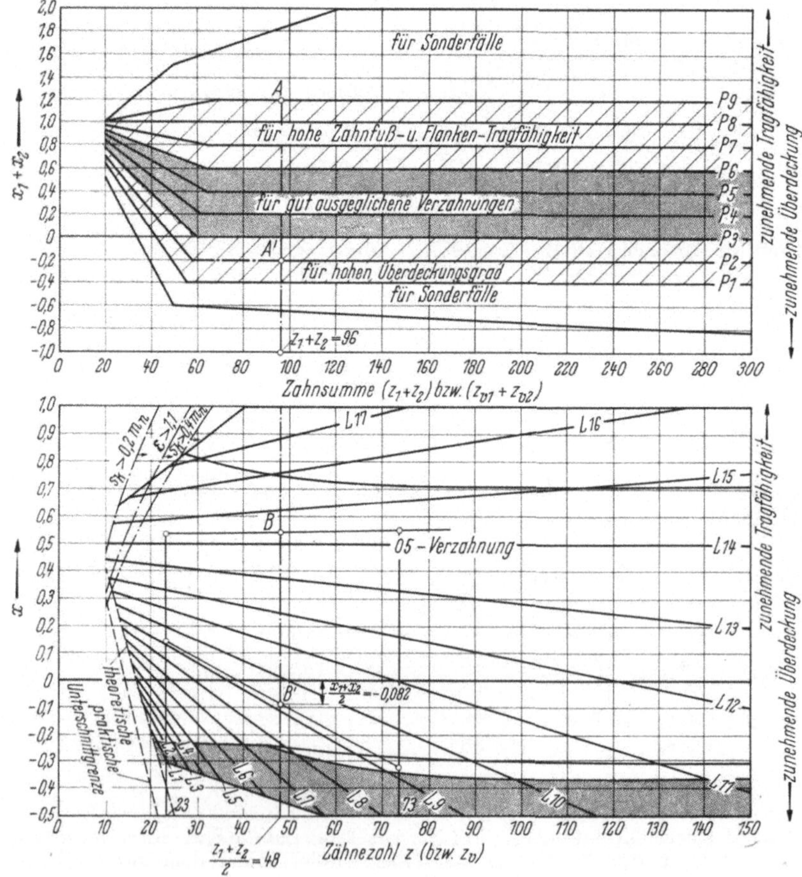

Bild 63. Ermittlung der Profilverschiebungsfaktoren bei Übersetzung ins Langsame nach DIN 3992.

Betriebseingriffswinkel nach Gl. (24):

$$\operatorname{ev}\alpha_b = \frac{2\tan\alpha_0\,(x_1+x_2)}{z_1+z_2} + \operatorname{ev}\alpha_0 = \frac{2\cdot 0{,}36397\cdot 1{,}2}{96} + 0{,}0149044 = 0{,}0240037$$

$$\alpha_b = 23{,}30°\,.$$

Achsabstand nach Gl. (25):

$$a = a_0\,\frac{\cos\alpha_0}{\cos\alpha_b} = 144\cdot\frac{0{,}93969}{0{,}91845} = 147{,}3307\ \text{mm}.$$

Dieser Wert wird gerundet auf $a = 147$ mm.

Nachrechnung von $x_1 + x_2$:

$$\cos\alpha_b = \frac{a_0}{a}\cos\alpha_0 = \frac{144}{147}\,0{,}93969 = 0{,}92051\,,$$

$$\alpha_b = 22{,}999°\,,$$

$$x_1 + x_2 = \frac{(\operatorname{ev}\alpha_b - \operatorname{ev}\alpha_0)\,(z_1+z_2)}{2\tan\alpha_0} = \frac{0{,}0081416\cdot 96}{2\cdot 0{,}36397} = 1{,}0737\,.$$

Aufteilung von $(x_1 + x_2)$ auf Ritzel und Rad nach Bild 63 (unteres Diagramm):

Über $\dfrac{z_1+z_2}{2} = 48$ wird $\dfrac{x_1+x_2}{2} \approx +\,0{,}54$ abgetragen und eine Parallele zur Paarungslinie L durch den gefundenen Punkt B gezogen. Die Senkrechten über z_1 und z_2 schneiden diese in x_1 und x_2. Danach wird festgelegt:

$$x_1 = +\,0{,}53\,; \quad x_2 = +\,0{,}5437\,.$$

Ermittlung der Profilüberdeckung:

Kopfkürzung zur Erzielung des Kopfspiels $S_k = S_{kw} = h_{kw} - m$:

$$k\,m = a_0 + m\,(x_1+x_2) - a = 144 + 3\cdot 1{,}0737 - 147 = 0{,}221\ \text{mm} \quad [\text{aus Gl. (26)}]\,,$$

$$d_k = m\,(z + 2 + 2\,x - 2\,k) \quad [\text{s. Gl. (27)}]\,,$$

$$d_{k1} = 77{,}738\ \text{mm}\,; \quad d_{k2} = 227{,}820\ \text{mm}\,,$$

$$y_{0k1} = \frac{d_{k1} - d_{01}}{2\,m} = 1{,}456 \approx 1{,}46\,, \quad y_{0k1} = \frac{d_{k2} - d_{02}}{2\,m} = 1{,}47 \quad [\text{s. Gl. (31)}]\,.$$

Nach Bild 39: $\varepsilon_1 = 2{,}38\,; \quad \varepsilon_2 = 5{,}52\,.$

Nach Bild 40: $\varepsilon_a = 6{,}50\,,$

$$\varepsilon = \varepsilon_1 + \varepsilon_2 - \varepsilon_a \approx 1{,}4\,.$$

b) Getriebe hoher Profilüberdeckung:

Nach Bild 63 ergibt sich für $z_1 + z_2 = 96$ und Linie $P\,2$: $x_1 + x_2 = -\,0{,}2$ (Punkt A').

Betriebseingriffswinkel:

$$\operatorname{ev}\alpha_b = \frac{2\tan\alpha_0\,(x_1+x_2)}{z_1+z_2} + \operatorname{ev}\alpha_0 = -\frac{2\cdot 0{,}36397\cdot 0{,}2}{96} + 0{,}0149044 = 0{,}013387\,,$$

$$\alpha_b = 19{,}3195°\,.$$

Achsabstand: $a = a_0\cdot\dfrac{\cos\alpha_0}{\cos\alpha_b} = 143{,}390$ mm. Dieser Wert wird gerundet auf $a = 143{,}5$ mm.

Nachrechnung: $\cos\alpha_b = \cos\alpha_0\cdot\dfrac{a_0}{a}\,,$ daraus $\alpha_b = 19{,}4441°\,,$

$$x_1 + x_2 = \frac{(\operatorname{ev}\alpha_b - \operatorname{ev}\alpha_0)\,(z_1+z_2)}{2\tan\alpha_0} = -\,0{,}164\,.$$

Aufteilung nach Bild 63 (unteres Diagramm):

$$x_1 = +\,0{,}15\,; \quad x_2 = -\,0{,}314\,.$$

Profilüberdeckung: $d_{k\,1} = 2\,(a + m - x_2\,m) - d_{02}$

$$= 2\,(143,5 + 3 + 0,942) - 219 = 75,884 \text{ mm}\,,$$

$$d_{k\,2} = 2\,(a + m - x_1\,m) - d_{01}$$

$$= 2\,(143,5 + 3 - 0,45) - 69 = 223,1 \text{ mm}\,.$$

$$y_{0\,k\,1} = \frac{d_{k\,1} - d_{01}}{2\,m} = 1,147 \approx 1,15\,; \qquad y_{0\,k\,2} = \frac{d_{k\,2} - d_{02}}{2\,m} = 0,683 \approx 0,68\,.$$

Nach Bild 39 folgt: $\varepsilon_1 = 2,20$; $\quad \varepsilon_2 = 4,88$.

Nach Bild 40 folgt: $\varepsilon_a = 5,40$.

$$\varepsilon = \varepsilon_1 + \varepsilon_2 - \varepsilon_a \approx 1,68\,.$$

8. Beispiel. Ein geradverzahntes Stirnradpaar aus dem Getriebe einer Werkzeugmaschine mit $\alpha_0 = 14,5°$; $z_1 = 31$; $z_2 = 49$; $P = 10$ 1/Zoll; $x_1 = x_2 = 0$; $y = 1$ soll ersetzt werden durch ein Stirnradpaar mit metrischen Abmessungen und einem Herstelleingriffswinkel $\alpha_0 = 15°$. Achsabstand und Übersetzungsverhältnis müssen unverändert bleiben. Gesucht sind Modul und Profilverschiebungsfaktoren der Ersatzräder.

vorhandener Achsabstand: $a = \dfrac{z_1 + z_2}{2\,P} = \dfrac{80}{2 \cdot 10} = 4'' \,\,\hat{=}\,\, 101,60 \text{ mm}\,,$

entsprechender Modul: $m = \dfrac{25,4}{P} = \dfrac{25,4}{10} = 2,54 \text{ mm}$ (s. Abschn. 14)

gewählt nach DIN 780: $m = 2,5$ mm .

Betriebseingriffswinkel nach Gl. (25):

$$\cos \alpha_b = \frac{a_0}{a}\cos\alpha_0 = \frac{m\,(z_1 + z_2)}{2\,a}\cdot\cos\alpha_0 = \frac{2,5 \cdot 80}{101,6}\,0,96593 \cdot \,= 0,95072\,.$$

$$\alpha_b = 18,063°\,.$$

Profilverschiebungsfaktoren aus Gl. (24):

$$x_1 + x_2 = \frac{(\text{ev}\,\alpha_b - \text{ev}\,\alpha_0)\,(z_1 + z_2)}{2\tan\alpha_0} = \frac{0,0047271 \cdot 80}{2 \cdot 0,26795}$$

$$x_1 = x_2 = +\,0,7057\,.$$

Aufteilung nach Bild 63: $x_1 = +\,0,370$; $\quad x_2 = +\,0,3357$.

9. Beispiel. Für das Rad 2 aus Beispiel 8 mit $\alpha_0 = 15°$; $z = 49$; $m = 2,5$ mm; $x = {}= +\,0,3357$ sind Zahnweiten-Nennmaß W und Nenn-Prüfmaß M_a für die Kugelmessung der Zahndicke zu bestimmen.

$$W = m \cdot \cos\alpha_0\,[(z' - 0,5)\,\pi + z\,\text{ev}\,\alpha_0 + 2\,x\tan\alpha_0]\quad\text{nach Gl.\,(40)}\,.$$

Zähnezahl z', über die die Zahnweite gemessen wird, ist nach Näherungsgleichung (s. Abschn. 35): $z' = z\,\dfrac{\alpha_0^°}{180} + 0,5 = 4,6 \approx 5$.

Genauer nach DIN 3960: $z' = \dfrac{z}{\pi}\left[\tan\alpha_x - 2\,\dfrac{x}{z}\tan\alpha_0 - \text{ev}\,\alpha_0\right] + 0,5$ mit

$$\cos\alpha_x = \cos\alpha_0\,\frac{z}{z + 2\,x} = 0,96593 \cdot \frac{49}{49,67} = 0,95290 \,\,\hat{=}\,\, \alpha_x = 17,655°\,,$$

$$z' = 15,597\,[0,31837 - 0,003672 - 0,0061498] + 0,5 = 5,31$$

gewählt $z' = 5$. Damit folgt: $W = 2,41483\,[4,5 \cdot 3,14159 + 0,30134 + 0,179902]$

$$W = 35,301 \text{ mm}\,.$$

Nach Gl. (43) ist $M_a = d_M \cos\dfrac{90°}{z} + d_r$; nach Gl. (41) folgt $d_M = d_0\,\dfrac{\cos\alpha_0}{\cos\alpha_M}$ und aus

Gl. (44) ergibt sich: $\text{ev}\,\alpha_M = \text{ev}\,\alpha_0 + \dfrac{d_r}{m\,z\cos\alpha_0} - \dfrac{\pi - 4\,x\tan\alpha_0}{2\,z}$.

Anhaltswert für den Kugeldurchmesser: $d_r \approx 1{,}75 \cdot m = 4{,}375$ mm.
Genauer nach Bild 64:
Für die auf dem Teilkreis die Flanken berührende Kugel (Rolle) gilt:

$$r_r \sin \zeta = r_0 \sin \delta = r_r \cos \gamma \ (\text{wegen } \zeta = 90° - \gamma) \, ,$$

$$d_r = d_0 \frac{\sin \delta}{\cos \gamma} = d_0 \frac{\sin \delta}{\cos (\alpha_0 + \delta)} \quad (\text{wegen } \alpha_0 + \delta = \gamma) \, .$$

$$\hat{\delta} = \frac{t_0}{2} \frac{1}{r_0} - \frac{s_0}{2} \cdot \frac{1}{r_0} = \frac{1}{d_0}(t_0 - s_0) = \frac{1}{d_0}\left(m \pi - \frac{m \pi}{2} - 2\,x\,m \tan \alpha_0\right) = \frac{(\pi/2 - 2\,x \tan \alpha_0)}{z} \, .$$

Damit ergibt sich:

$$\delta = \frac{(1{,}57079 - 0{,}17990)}{49} \cdot \frac{180°}{\pi} \approx 1{,}63° \, ,$$

$$\gamma = \alpha_0 + \delta \approx 16{,}63° \, ,$$

$$d_r = m\,z\,\frac{\sin \delta}{\cos \gamma} = 122{,}5 \cdot \frac{0{,}0285}{0{,}9582} \approx 3{,}65 \text{ mm} \, .$$

Gewählt wird $\quad d_r = 4{,}000$ mm .

$$\text{ev } \alpha_M = 0{,}0061498 + \frac{4}{122{,}5 \cdot 0{,}96593}$$

$$- \frac{2{,}78179}{98} = 0{,}0115689 \, ,$$

$$\alpha_M = 18{,}4278° \, ,$$

$$d_M = 122{,}5 \cdot \frac{0{,}96593}{0{,}94872} = 124{,}722 \text{ mm} \, ,$$

$$M_a = 124{,}722 \cdot 0{,}99948 + 4 = 124{,}658 \text{ mm} \, .$$

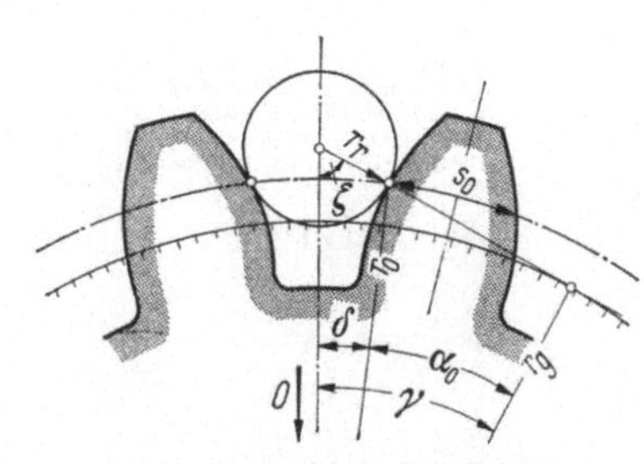

Bild 64. Berechnung des Kugel-(Rollen-)Durchmessers $2\,r_r = d_r$.

10. Beispiel. Für Sätze von Radpaaren in Baukasten-Getrieben sind bei vorgegebenem Achsabstand, Normalmodul und Zähnezahlsumme folgende Daten der Räder bzw. Radpaare zu bestimmen:

Schrägungswinkel, wenn die Summe der Profilverschiebungsfaktoren etwa 0,8 betragen soll (entsprechend Linie P 7 in Bild 63). Der Schrägungswinkel soll dabei zwischen den Grenzen $\beta_0 = 15°$ bis $22°$ liegen, was durch die Größe der vorgegebenen Werte erreicht werden kann.

Profilverschiebungsfaktoren bei Aufteilung der Profilverschiebungsfaktorensumme nach DIN 3992, Paarungslinie L 13 (s. auch Bild 63).

Teilkreisdurchmesser und *Kopfkreisdurchmesser*.

Zahndicke am Zahnkopf des Ritzels.

Zahnweitennennmaße.

Stirnprofilüberdeckung.

Rechnungsgang:
Gegeben sind Zähnezahlsumme $(z_1 + z_2)$ (im Rechenprogramm Bild 65 mit SUZ bezeichnet), Achsabstand a und Normalmodul m_n. Diese Größen werden nach Überschlagsrechnung festgelegt und als „Daten" mit ihren Zahlenwerten eingegeben.

Nach Gl. (75) ist dann

$$(x_1 + x_2) = \frac{(\text{ev } \alpha_{sb} - \text{ev } \alpha_{s0})\,(z_1 + z_2)}{2 \tan \alpha_{n0}}$$

mit

$$\alpha_{s0} = \arctan\left(\frac{\tan \alpha_{n0}}{\cos \beta_0}\right) \quad \text{aus Gl. (56)} \, ,$$

$$\alpha_{sb} = \arccos\left(\frac{a_0}{a} \cos \alpha_{s0}\right) \quad \text{aus Gl. (74)}$$

und

$$a_0 = \frac{(z_1 + z_2)}{2} \frac{m_n}{\cos \beta_0} \quad \text{aus Gl. (74)} \, .$$

Zeile

```
 1   'BEGIN'
     'COMMENT'DIMENSIONIERUNG VON SCHRAEGSTIRNRAEDERN ZMR;
     'REAL' SUZ,MN,AV,PI,RHO,ALFANO,BO,AO,ALFASO,KSB,ALFASB,EVASB,EVASO,SUMMEX,Z1,Z2,X1,X2,V1,
            V2,DO1,DO2,DK1,DK2,EVANO,ZI1,ZI2,KIX1,KIX2,ALFAI1,ALFAI2,ZST1,ZST2,W1,W2,DG1,DG2,
 5          EPSILON,KSK,ALFASK,EVASK,SSO1,SSK1,SNK1;

     'INTEGER' N,P;

     READ (SUZ,MN,AV,N,P);

     PI:=3.14159;
     RHO:=PI/180;
10   ALFANO:=20×RHO;

     'FOR'BO:=22×RHO 'STEP'-0.1×RHO'UNTIL'15×RHO'DO'

                                             'BEGIN'
     AO:=(SUZ/2)×MN/COS(BO);
     ALFASO:=ARCTAN(SIN(ALFANO)/(COS(ALFANO)×COS(BO)));
15   KSB:=AO/AV×COS(ALFASO);
     ALFASB:=ARCTAN(SQRT(1-(KSB×KSB))/KSB);
     EVASB:=SIN(ALFASB)/COS(ALFASB)-ALFASB;
     EVASO:=SIN(ALFASO)/COS(ALFASO)-ALFASO;
     SUMMEX:=(EVASB-EVASO)×SUZ×COS(ALFANO)/(2×SIN(ALFANO));
20   'IF'SUMMEX'GREATER'0.8'THEN''GOTO'WAHL;
     'END';

     WAHL:WRITE(''SUMMEX='');
     TYPE(SUMMEX);
     WRITE(''BO='');
25   TYPE(BO/RHO);
     WRITE(''ALFASB='');
     TYPE(ALFASB/RHO);

     Z1:=N;
     ANFANG: Z2:=SUZ-Z1;

30   X1:=0.458-(0.0018×Z1);
     X2:=SUMMEX-X1;

     V1:=X1×MN;
     V2:=X2×MN;

     DO1:=Z1×MN/COS(BO);
35   DO2:=Z2×MN/COS(BO);

     DK1:=2×(AV+MN-V2)-DO2;
     DK2:=2×(AV+MN-V1)-DO1;

     EVANO:=SIN(ALFANO)/COS(ALFANO)-ALFANO;
     ZI1:=Z1×EVASO/EVANO;
40   ZI2:=Z2×EVASO/EVANO;
     KIX1:=COS(ALFANO)×ZI1/(ZI1+(2×X1));
     KIX2:=COS(ALFANO)×ZI2/(ZI2+(2×X2));

     ALFAI1:=ARCTAN(SQRT(1-(KIX1×KIX1))/KIX1);
     ALFAI2:=ARCTAN(SQRT(1-(KIX2×KIX2))/KIX2);
45   ZST1:=ZI1×(ALFAI1/PI)+0.5;
     ZST2:=ZI2×(ALFAI2/PI)+0.5;
     ZST1:=ENTIER(ZST1+0.5);
     ZST2:=ENTIER(ZST2+0.5);

     W1:=MN×COS(ALFANO)×((ZST1-0.5)×PI+(Z1×EVASO))+2×V1×SIN(ALFANO);
50   W2:=MN×COS(ALFANO)×((ZST2-0.5)×PI+(Z2×EVASO))+2×V2×SIN(ALFANO);

     DG1:=DO1×COS(ALFASO);
     DG2:=DO2×COS(ALFASO);
     EPSILON:=(0.5×SQRT(DK1×DK1-DG1×DG1)+0.5×SQRT(DK2×DK2-DG2×DG2)-AV×SIN(ALFASB))/(MN×PI×
                 COS(ALFASO)/COS(BO));

55   KSK:=COS(ALFASO)×DO1/DK1;
     ALFASK:=ARCTAN(SQRT(1-KSK×KSK)/KSK);
     EVASK:=SIN(ALFASK)/COS(ALFASK)-ALFASK;
     SSO1:=MN×(PI/(2×COS(BO))+2×X1×(SIN(ALFASO)/COS(ALFASO)));
     SSK1:=DK1×(SSO1/DO1+EVASO-EVASK);

60   SNK1:=SSK1×DO1/SQRT(DO1×DO1+DK1×DK1×(SIN(BO)×SIN(BO)/COS(BO)×COS(BO)));

     PRINT(Z1,X1,DO1,DK1,W1,SNK1);
     PRINT(Z2,X2,DO2,DK2,W2,EPSILON);WRITE(''

                          '');

     Z1:=Z1+1;

65   'IF'Z1'LESS'P'THEN''GOTO'ANFANG;
     'END'

     'COMMENT' DATEN
     SUZ,MN,AV,N,P;
     55, 4, 120, 9, 24;
```

Bild 65. Rechenprogramm für 10. Berechnungsbeispiel.

Es soll jetzt der Schrägungswinkel ausgehend von $\beta_0 = 22°$ um jeweils 0,1° solange vermindert werden, bis sich $\sum x > 0,8$ ergibt. Hierzu vgl. Zeile 11 und 20 im Rechenprogramm, wo $\sum x$ mit SUMMEX bezeichnet ist.

Die sich ergebenden Werte für $\sum x = (x_1 + x_2)$, β_0 und α_{sb} sollen ausgedruckt werden (Zeile 22 bis 27).

Von diesen Werten ausgehend wird $\sum x$ entsprechend DIN 3992 aufgeteilt. Die Paarungslinie L 13 (Bild 63) wird dabei durch die Geradengleichung $x = 0,458 - 0,0018\,z$ ausgedrückt (Zeile 30). In diese Gleichung wurde abweichend von DIN 3992 die wirkliche Zähnezahl und nicht die virtuelle $z_v = \dfrac{z}{\cos^2 \beta_g \cdot \cos \beta_0}$ eingeführt. Die Ritzelzähnezahl wird vom Rechner beginnend mit dem Kleinstwert $z_1 = n$ jeweils um 1 Zahn vergrößert bis zur Grenze $z_1 = (p - 1)$. Die Werte für n und p werden wie auch die Zähnezahlsumme SUZ vorgegeben (Zeile 7 und „Daten").

Es wird somit ermittelt:

$$z_2 = \sum z - z_1 \qquad \text{(Zeile 29)}.$$
$$x_1 = 0{,}458 - 0{,}0018\,z_1 \quad \text{(Zeile 30)},$$
$$x_2 = \sum x - x_1 \qquad \text{(Zeile 31)},$$
$$d_{01} = \frac{z_1\,m_n}{\cos \beta_0} \qquad \begin{array}{l}\text{[Zeile 34}\\ \text{bzw. Gl. (60)]}\,,\end{array}$$
$$d_{k1} = 2 \cdot (a + m_n - x_2\,m_n) - d_{02} \\ \text{[Zeile 36 bzw. Gl. 62)]}.$$

Das Zahnweitennennmaß wird nach Gl. (78) ermittelt zu

$$W_1 = m_n \cos \alpha_{n0} [(z_1' - 0{,}5)\,\pi + z_1\,\mathrm{ev}\,\alpha_{s0}] + z_1\,m_n \sin \alpha_{n0} \quad \text{(Zeile 49)}$$

mit

$$z_{i1} = z_1\,\frac{\mathrm{ev}\,\alpha_{s0}}{\mathrm{ev}\,\alpha_{n0}} \qquad \begin{array}{l}\text{nach Gl. (80)}\\ \text{(Zeile 39)}\,,\end{array}$$
$$\cos \alpha_{ix1} = \cos \alpha_{n0}\,\frac{z_{i1}}{z_{i1} + 2\,x_1}$$

nach Gl. (81) (Zeile 41, dort mit KIX bezeichnet),

$$z_1' = z_{i1}\,\frac{\alpha_{ix1}}{\pi} + 0{,}5$$

nach Gl. (79) (Zeile 45, dort mit ZST1 bezeichnet).

Die Zähnezahl z_1' wird mit der Entier-Funktion auf eine ganze Zahl gerundet (Zeilen 47, 48). Die Stirnprofilüberdeckung folgt nach Gl. (59) zu

$$\varepsilon = \frac{\left(0{,}5\sqrt{d_{k1}^2 - d_{g1}^2} + 0{,}5\sqrt{d_{k2}^2 - d_{g2}^2} - a\sin\alpha_{sb}\right)\cdot\cos\beta_0}{m_n\,\pi\,\cos\alpha_{s0}}$$

(Zeile 53) mit $d_g = d_0\cdot\cos\alpha_{s0}$ nach Gl. (63) (Zeilen 51, 52).

Analog ergeben sich d_{02}, d_{k2} und W_2. Für das Ritzel soll sodann die Zahndicke am Zahnkopf im Normalschnitt bestimmt werden. Es ist nach Gl. (73)

$$s_{nk1} = \frac{s_{sk1}\cdot d_{01}}{\sqrt{d_{01}^2 + d_{k1}^2 \tan^2\beta_0}} \quad \text{(Zeile 60)}, \qquad \text{mit}$$

$$s_{sk1} = d_{k1}\left(\frac{s_{s01}}{d_{01}} + \mathrm{ev}\,\alpha_{s0} - \mathrm{ev}\,\alpha_{sk}\right) \quad \text{nach Gl. (72)}, \quad \text{(Zeile 59)},$$

sowie

$$s_{s01} = m_n\left(\frac{\pi}{2\cos\beta_0} + 2\,x_1\tan\alpha_{s0}\right) \quad \text{(Zeile 58)}$$

und

$$\alpha_{sk} = \arccos\left(\cos\alpha_{s0}\cdot\frac{d_{01}}{d_{k1}}\right) \quad \text{(Zeile 56)}.$$

Neben den einmalig bestimmten Werten für β_0, $\sum x$ und α_{sb} werden jetzt für die verschiedenen Radpaare ausgedruckt:

$$z_1,\, x_1,\, d_{01},\, d_{k1},\, W_1,\, s_{nk1},$$

$$z_2,\, x_2,\, d_{02},\, d_{k2},\, W_2,\, \varepsilon$$

(Zeilen 61 und 62 bzw. Ergebnistabelle).

Zu beachten ist, daß bei kleinen Ritzelzähnezahlen geprüft werden muß, ob der nach der Aufteilungsgleichung für $\sum x$ (Zeile 30) gewählte Profilverschiebungsfaktor x_1 zu unterschnittfreien Zähnen führt und ob die Spitzengrenze (z. B. $s_{nk1} = 0{,}4\,m_n$) eingehalten wird. Das Programm kann in diesen Fällen entsprechend ergänzt werden.

Bild 66. Anfang und Ende der Ergebnistabelle zu Bild 65.

Bedeutung der Werte in der ersten Zeile:
$\sum x = 0{,}8137$; $\beta_0 = 19{,}9°$; $\alpha_{sb} = 24{,}6126°$.

Bedeutung der Zahlen in den 2 Zeilen-Blöcken:

$$z_1;\ x_1;\ d_{01};\ d_{k1};\ W_1;\ s_{nk1};$$

$$z_2;\ x_2;\ d_{02};\ d_{k2};\ W_2;\ \varepsilon$$

	SUMMEX= .813696209	BO= $.198999998_{10}2$	ALFASB= $.246126166_{10}2$		
9	.441800000	$.382861328_{10}2$	$.493401511_{10}2$	$.195224588_{10}2$	$.162691328_{10}1$
46	.371896209	$.195684679_{10}3$	$.206179467_{10}3$	$.808439301_{10}2$	$.120566007_{10}1$
10	.440000000	$.425401476_{10}2$	$.535797658_{10}2$	$.195842946_{10}2$	$.178211617_{10}1$
45	.373696209	$.191430664_{10}3$	$.201939852_{10}3$	$.807820941_{10}2$	$.122145722_{10}1$
.					
.					
.					
.					
22	.418400000	$.935883248_{10}2$	$.104455143_{10}3$	$.439433586_{10}2$	$.264847218_{10}1$
33	.395296208	$.140382487_{10}3$	$.151064475_{10}3$	$.682315472_{10}2$	$.131616491_{10}1$
23	.416600000	$.978423396_{10}2$	$.108694757_{10}3$	$.440051945_{10}2$	$.268448783_{10}1$
32	.397096209	$.136128472_{10}3$	$.146824860_{10}3$	$.563611943_{10}2$	$.131895152_{10}1$

Bild 65 zeigt das Rechenprogramm (in ALGOL 60 geschrieben[1]).

Als „Daten" wurden eingegeben (Zeilen 66 bis 68): $z_1 + z_2 = 55$, $m_n = 4\,\mathrm{mm}$, $a = 120\,\mathrm{mm}$, $n = 9$, $p = 24$. Ein Teil der Ergebnistabelle ist in Bild 66 abgedruckt.

Die Rechenzeit einschließlich Eingabe und Ausgabe betrug 15 Minuten und 30 Sekunden.

---

[1] Eine der bekannten Programmiersprachen. Näheres s. WB Heft 123, G. Rahmstorff: Datenverarbeitung.

Schrifttum

Bücher:

[1] SCHIEBEL, A.: Zahnräder, Bd. I, 4. Aufl. bearb. v. W. LINDNER, Berlin/Göttingen/ Heidelberg: Springer 1954.

[2] MEHL, C.: Die Evolventenzahnform der Stirnräder mit geraden Zähnen, Stuttgart 1951.

[3] NIEMANN, G., u. H. WINTER: Tragfähigste Evolventen-Geradverzahnung. Beitrag in Band 16 der Schriftenreihe Antriebstechnik, Braunschweig: Vieweg 1955.

[4] HOFER, H.: Einfache und genaue Unterschnittberechnung für Zahnräder. Z. VDI 85 (1941) Nr. 37/38.

[5] APITZ, G., A. BUDNIK, K. KECK u. W. KRUMME: Die DIN-Verzahnungstoleranzen und ihre Anwendung, Braunschweig: Vieweg 1957.

[6] DUDLEY, D. W., u. H. WINTER: Zahnräder, Berlin/Göttingen/Heidelberg: Springer 1961.

[7] KECK, K. F.: Die Zahnradpraxis, Bde. 1 u. 2, München: Oldenbourg 1956 u. 1958.

[8] TRIER, H.: Die Kraftübertragung durch Zahnräder, 4. Aufl., Werkstattbücher Heft 87, Berlin/Göttingen/Heidelberg: Springer 1962.

[9] NIEMANN, G.: Maschinenelemente, Bd. 2, Berlin/Göttingen/Heidelberg: Springer 1961.

[10] WINTER, H.: Zahnräder für besonders hohe Tragfähigkeit. Z. VDI 107 (1965) Nr. 12.

[11] SCHREIER, G., K. DIRLAM, J. HAMPEL, W. PAUKSCH u. D. SIELER: Stirnrad-Verzahnungen, Berlin: Verlag Technik 1961.

[12] NIEMANN, G.: Novikov-Verzahnung und andere Sonderverzahnungen für hohe Tragfähigkeit. Beitrag in: Zahnräder und Zahnradgetriebe. VDI-Berichte Heft 47 (1960).

DIN-Normen:

  780   Modulreihe für Zahnräder.

  867   Bezugsprofil für Stirnräder mit Evolventenverzahnung für den allgemeinen Maschinenbau.

  868   Zahnräder, Begriffe, Bezeichnungen und Kurzzeichen.

1825 bis 1829 (Normen über Stoßräder).

3960   Bestimmungsgrößen und Fehler an Stirnrädern: Grundbegriffe.

3961, 3962, 3963, 3967 Toleranzen für Stirnradverzahnungen nach DIN 867

3964   Verzahnungen; Achsabstands-Abmaße

3966   Angaben für Stirnräder in Zeichnungen.

3972   Verzahnwerkzeuge für Evolventenverzahnungen nach DIN 867; Bezugsprofile.

3990   Entwurf: Tragfähigkeitsberechnung von Stirn- und Kegelrädern mit Außenverzahnung.

3992   Profilverschiebung bei Stirnrädern mit Außenverzahnung.

3994; 3995 Profilverschiebung bei geradverzahnten Stirnrädern mit 05-Verzahnung.

5480   Zahnwellen-Verbindungen mit Evolventenflanken.

5482   Zahnnabenprofile und Zahnwellenprofile mit Evolventenflanken.

43226   Evolventenverzahnung für elektrische Bahnen.

58400   Bezugsprofil für Stirnräder mit Evolventenverzahnung für die Feinwerktechnik.

58405   Entwurf: Stirnradgetriebe der Feinwerktechnik.

61

Tabelle 3. *Evolventenfunktion* ev $\alpha = \tan \alpha - \widehat{\alpha}$

Grad	,.0	,.2	,.4	,.6	,.8	Grad	,.0	,.2	,.4	,.6	,.8
14,0	,004 9819	,005 0036	,005 0254	,005 0473	,005 0692	**21,0**	,017 3449	,017 3964	,017 4480	,017 4997	,017 5515
,1	,005 0912	1133	1354	1576	1798	,1	6034	6554	7076	7598	8122
,2	2021	2245	2470	2695	2921	,2	8646	9172	9699	,018 0227	,018 0756
,3	3147	3374	3602	3831	4060	,3	,018 1286	,018 1817	,018 2349	2883	3417
,4	4289	4520	4751	4983	5215	,4	3953	4489	5027	5566	6106
,5	5448	5682	5917	6152	6388	,5	6647	7189	7732	8277	8822
,6	6624	6861	7099	7338	7577	,6	9369	9917	,019 0466	,019 1016	,019 1567
,7	7817	8057	8299	8541	8783	,7	,019 2119	,019 2672	3227	3782	4339
,8	9027	9271	9515	9761	,006 0007	,8	4897	5456	6016	6577	7140
,9	,006 0254	,006 0501	,006 0749	,006 0998	1248	,9	7703	8268	8824	9401	9969
15,0	,006 1498	,006 1749	,006 2001	,006 2253	,006 2506	**22,0**	,020 0538	,020 1108	,020 1680	,020 2252	,020 2826
,1	2760	3014	3270	3525	3782	,1	3401	3977	4555	5133	5713
,2	4039	4297	4556	4816	5076	,2	6293	6875	7458	8043	8628
,3	5337	5598	5861	6124	6387	,3	9215	9802	,021 0391	,021 0981	,021 1573
,4	6652	6917	7183	7450	7717	,4	,021 2165	,021 2759	2353	3949	4546
,5	7985	8254	8523	8794	9065	,5	5145	5744	6345	6947	7550
,6	9337	9609	9882	,007 0156	,007 0431	,6	8154	8760	9366	9974	,022 0583
,7	,007 0706	,007 0982	,007 1259	1537	1815	,7	,022 1193	,022 1805	,022 2417	,022 3031	3646
,8	2095	2374	2655	2936	3219	,8	4262	4880	5498	6118	6739
,9	3501	3785	4069	4355	4640	,9	7361	7985	8610	9235	9863
16,0	,007 4927	,007 5214	,007 5503	,007 5791	,007 6081	**23,0**	,023 0491	,023 1120	,023 1751	,023 2383	,023 3016
,1	6372	6663	6935	7247	7541	,1	3651	4287	4923	5562	6201
,2	7835	8130	8426	8723	9020	,2	6842	7483	8127	8771	9416
,3	9318	9617	9916	,008 0217	,008 0518	,3	,024 0063	,024 0711	,024 1361	,024 2011	,024 2663
,4	,008 0820	,008 1123	,008 1426	1731	2036	,4	3316	3970	4626	5283	5941
,5	2342	2648	2956	3264	3573	,5	6600	7261	7922	8586	9250
,6	3883	4194	4505	4817	5130	,6	9916	,025 0582	,025 1251	,025 1920	,025 2591
,7	5444	5759	6074	6390	6707	,7	,025 3263	3936	4611	5286	5964
,8	7025	7343	7663	7983	8304	,8	6642	7322	8003	8685	9368
,9	8626	8948	9272	9596	9921	,9	,026 0053	,026 0739	,026 1427	,026 2115	,026 2805
17,0	,009 0247	,009 0574	,009 0901	,009 1230	,009 1559	**24,0**	,026 3497	,026 4189	,026 4883	,026 5578	,026 6275
,1	1889	2219	2551	2883	3217	,1	26 6973	26 7672	26 8372	26 9074	26 9777
,2	3551	3886	4221	4558	4895	,2	27 0481	27 1187	27 1894	27 2602	27 3312
,3	5234	5573	5912	6253	6595	,3	27 4023	27 4735	27 5449	27 6164	27 6880
,4	6937	7280	7624	7969	8315	,4	27 7598	27 8317	27 9037	27 9759	28 0482
,5	8662	9009	9357	9707	,010 0057	,5	28 1206	28 1932	28 2658	28 3387	28 4116
,6	,010 0407	,010 0759	,010 1112	,010 1465	1819	,6	28 4848	28 5580	28 6314	28 7049	28 7785
,7	2174	2530	2887	3245	3603	,7	28 8523	28 9262	29 0002	29 0744	29 1488
,8	3963	4363	4684	5046	5409	,8	29 2232	29 2978	29 3725	29 4474	29 5224
,9	5773	6137	6503	6869	7236	,9	29 5976	29 6728	29 7483	29 8238	29 8995
18,0	,010 7604	,010 7973	,010 8343	,010 8714	,010 9085	**25,0**	,029 9753	,030 0513	,030 1274	,030 2037	,030 2801
,1	9458	9831	,011 0205	,011 0581	0957	,1	30 3566	30 4333	30 5101	30 5870	30 6641
,2	,011 1333	,011 1711	2090	2469	,011 2850	,2	30 7413	30 8187	30 8962	30 9738	31 0516
,3	3231	3614	3997	4381	4766	,3	31 1295	31 2076	31 2858	31 3642	31 4426
,4	5151	5538	5926	6314	6704	,4	31 5213	31 6001	31 6790	31 7580	31 8372
,5	7094	7485	7877	8271	8665	,5	31 9166	31 9961	32 0757	32 1555	32 2354
,6	9059	9455	9852	,012 0250	,012 0648	,6	32 3154	32 3956	32 4760	32 5565	32 6371
,7	,012 1048	,012 1448	,012 1849	2251	2655	,7	32 7179	32 7988	32 8799	32 9611	33 0424
,8	3059	3464	3870	4276	4684	,8	33 1239	33 2056	33 2874	33 3693	33 4514
,9	5093	5503	5913	6325	6737	,9	33 5336	33 6160	33 6985	33 7812	23 8640
19,0	,012 7151	,012 7565	,012 7980	,012 8396	,012 8814	**26,0**	,033 9470	,034 0301	,034 1134	,034 1968	,034 2803
,1	9232	9051	,013 0071	,013 0492	,013 0913	,1	34 3640	34 4170	34 5310	34 6160	34 7003
,2	,013 1336	,013 1760	2185	2610	3037	,2	34 7847	34 8693	34 9541	35 0390	35 1240
,3	3465	3893	4323	4753	5185	,3	35 2092	35 2945	35 3800	35 4657	35 5514
,4	5617	6051	6485	6920	7356	,4	35 6374	35 7235	35 8097	35 8961	35 9827
,5	7794	8232	8671	9111	9552	,5	36 0694	36 1562	36 2432	36 3304	36 4177
,6	9994	,014 0438	,014 0882	,014 1327	,014 1773	,6	36 5051	36 5927	36 6805	36 7684	36 8565
,7	,014 2220	2668	3117	3567	4018	,7	36 9447	37 0331	37 1216	37 2103	37 2991
,8	4470	4923	5376	5831	6287	,8	37 3881	37 4773	37 5666	37 6560	37 7456
,9	6744	7202	7661	8121	8582	,9	37 8354	37 9253	38 0154	38 1056	38 1960
20,0	,014 9044	,014 9507	,014 9971	,015 0436	,015 0902	**27,0**	,038 2866	,038 3773	,038 4681	,038 5591	,038 6503
,1	,015 1369	,015 1837	,015 2305	2775	3246	,1	38 7416	38 8331	38 9248	39 0166	39 1085
,2	3719	4192	4666	5141	5617	,2	39 2006	39 2929	39 3853	39 4779	39 5707
,3	6094	6572	7051	7531	8013	,3	39 6636	39 7567	39 8499	39 9433	40 0368
,4	8495	8978	9463	9948	,016 0434	,4	40 1306	40 2244	40 3185	40 4126	40 5070
,5	,016 0922	,016 1410	,016 1900	,016 2390	2882	,5	40 6015	40 6962	40 7910	40 8860	40 9812
,6	3375	3868	4363	4859	5356	,6	41 0765	41 1720	41 2676	41 3634	41 4594
,7	5854	6353	6852	7354	7856	,7	41 5555	41 6518	41 7483	41 8449	41 9417
,8	8359	8863	9368	9875	,017 0382	,8	42 0387	42 1358	42 2331	42 3305	42 4281
,9	,017 0891	,017 1400	,017 1911	,017 2422	2935	,9	42 5259	42 6238	42 7219	42 8202	42 9186

Tabelle 3 (Fortsetzung)

Grad	,.0	,.2	,.4	,.6	,.8	Grad	,.0	,.2	,.4	,.6	,.8
28,0	,043 0172	,043 1160	,043 2149	,043 3140	,043 4133	35,0	89 3423	,089 5136	,089 6851	,089 8569	,089 0289
,1	43 5128	43 6124	43 7121	43 8621	43 9122	,1	90 2012	90 3738	90 5466	90 7196	90 8929
,2	44 0124	44 1129	44 2135	44 3143	44 4152	,2	91 0665	91 2403	91 4144	91 5888	91 7634
,3	44 5163	44 6176	44 7191	44 8207	44 9225	,3	91 9382	92 1134	92 2887	92 4644	92 6403
,4	45 0245	45 1266	45 2289	45 3314	45 4340	,4	92 8165	92 9929	93 1696	93 3465	93 5237
,5	45 5369	45 6399	45 7430	45 8463	45 9499	,5	93 7012	93 8789	94 0596	94 2352	94 4137
,6	46 0535	46 1574	46 2614	46 3656	46 4700	,6	94 5925	94 7715	94 9508	95 1304	95 3102
,7	46 5745	46 6792	46 7841	46 8892	46 9944	,7	95 4904	95 6707	95 8514	96 0323	96 2134
,8	47 0998	47 2054	47 3112	47 4171	47 5232	,8	97 3949	96 5766	96 7586	96 9408	97 1233
,9	47 6295	47 7360	47 8426	47 9494	48 0564	,9	97 3061	97 4891	97 6724	97 8560	98 0399
29,0	,048 1636	,048 2709	,048 3784	,048 4861	,048 5940	36,0	,098 2240	,098 4084	,098 5931	,098 7780	,098 9632
,1	48 7020	48 8103	48 9187	49 0273	49 1360	,1	99 1487	99 3344	99 5205	99 7068	99 8933
,2	49 2450	49 3541	49 4634	49 5729	49 6825	,2	,100 0802	,100 2673	,100 4547	,100 6424	,100 8303
,3	49 7924	49 9024	50 0126	50 1229	50 2335	,3	101 0185	101 2070	101 3958	101 5848	101 7741
,4	50 3442	50 4552	50 5663	50 6775	50 7890	,4	101 9637	102 1536	102 3438	102 5342	102 7249
,5	50 9006	51 0125	51 1245	51 2367	51 3490	,5	102 9159	103 1072	103 2987	103 4905	103 6826
,6	51 4616	51 5743	51 6873	51 8004	51 9137	,6	103 8750	104 0677	104 2607	104 4539	104 6474
,7	52 0271	52 1408	52 2546	52 2687	52 4829	,7	104 8412	105 0353	105 2296	105 4243	105 6192
,8	52 5973	52 7119	52 8266	52 9416	53 0567	,8	105 8144	106 0099	106 2057	106 4018	106 5981
,9	53 1721	53 2876	53 4033	53 5192	53 6352	,9	106 7947	106 9917	107 1889	107 3844	107 5842
30,0	,053 7515	,053 8679	,053 9846	,054 1014	,054 2184	37,0	,107 7822	,107 9806	,108 1792	,108 3782	,108 5774
,1	54 3356	54 4530	54 5706	54 6884	54 8063	,1	108 7769	108 9767	109 1768	109 3772	109 5779
,2	54 9245	55 0428	55 1613	55 2800	55 3990	,2	109 7788	109 9801	110 1816	110 3835	110 5856
,3	55 5181	55 6373	55 7568	55 8765	55 9964	,3	110 7880	110 9908	111 1938	111 3971	111 6007
,4	55 1164	55 2367	56 3571	56 4777	56 5986	,4	111 8046	111 0088	112 2133	112 4181	112 6231
,5	56 7196	56 8408	56 9622	57 0838	57 2056	,5	112 8285	113 0342	113 2402	113 4464	113 6530
,6	57 3276	57 4498	57 5722	57 6947	57 8175	,6	113 8599	114 0670	114 2745	114 4823	114 6903
,7	57 9405	58 0636	58 1870	58 3105	58 4343	,7	114 8987	115 1074	115 3163	115 5256	115 7352
,8	58 5582	58 6824	58 8067	58 9312	59 0560	,8	115 9451	116 1552	116 3657	116 5675	116 7876
,9	59 1809	59 3060	59 4314	59 5569	59 6826	,9	116 9990	117 2107	117 4227	117 6350	117 8496
31,0	,059 8086	,059 9347	,060 0610	,060 1875	,060 3142	38,0	,118 0605	,118 2737	,118 4873	,118 7011	,118 9153
,1	60 4412	60 5683	60 6956	60 8231	60 9509	,1	119 1297	119 3445	119 5596	119 7749	119 9906
,2	61 0788	61 2069	61 3353	61 4638	61 5925	,2	120 2066	120 4229	120 6396	120 8565	121 0737
,3	61 7215	61 8506	61 9800	62 1095	62 2393	,3	121 2913	121 5092	121 7274	121 9459	122 1647
,4	62 3692	62 4994	62 6297	62 7603	62 8911	,4	122 3838	122 6032	122 8230	123 0431	123 2635
,5	63 0221	63 1533	63 2874	63 4162	63 5481	,5	123 4842	123 7052	123 9265	124 1482	124 3701
,6	63 6801	63 8123	63 9447	64 0773	64 2102	,6	124 5924	124 8150	125 0380	125 2612	125 4848
,7	64 3432	64 4775	64 6099	64 7436	64 8775	,7	125 7087	125 9329	126 1574	126 3822	126 6074
,8	65 0116	65 1459	65 2804	65 4151	65 5500	,8	126 8329	127 0587	127 2848	127 5113	127 7381
,9	65 6851	65 8205	65 9561	66 0918	66 2278	,9	127 9652	128 1926	128 4204	128 6485	128 8769
32,0	,066 3640	,066 5004	,066 6370	,066 7738	,066 9109	39,0	,129 1056	,129 3347	,129 5641	,129 7938	,130 0238
,1	67 0481	67 1856	67 3233	67 4612	67 5993	,1	130 2542	130 4849	130 7160	130 9473	131 1790
,2	67 7376	67 8761	68 0149	68 1538	68 2930	,2	131 4110	131 6434	131 8761	132 1091	132 3424
,3	68 4324	68 5720	68 7118	68 8519	68 9921	,3	132 5761	132 8101	133 0445	133 2792	133 5142
,4	69 1326	69 2733	69 4142	69 5553	69 6967	,4	133 7495	133 9852	134 2212	134 4576	134 6943
,5	69 8383	69 9800	70 1220	70 2643	70 4067	,5	134 9313	135 1687	135 4064	135 6445	135 8828
,6	70 5493	70 6922	70 8353	70 9786	71 1222	,6	136 1216	136 3606	136 6000	136 8398	137 0799
,7	71 2659	71 4099	71 5541	71 6985	71 8432	,7	137 3203	137 5611	137 8022	138 0436	138 2854
,8	71 9880	72 1331	72 2784	72 4240	72 5697	,8	138 5275	138 7700	139 0129	139 2560	139 4995
,9	72 7157	72 8619	73 0083	73 1550	73 3018	,9	139 7434	139 9876	140 2322	140 4771	140 7223
33,0	73 4489	,073 5963	,073 7438	,073 8916	,074 0396	40,0	,140 9679	,141 2139	,141 4602	,141 7068	,141 9538
,1	74 1878	74 3363	74 4849	74 6339	74 7830	,1	142 2012	142 4489	142 6969	142 9453	143 1941
,2	74 9324	75 0819	75 2318	75 3818	75 5321	,2	143 4432	143 6926	143 9424	144 1926	144 4431
,3	75 6826	75 8333	75 9843	76 1355	76 2869	,3	144 6940	144 9452	145 1968	145 4487	145 7010
,4	76 4385	76 5904	76 7425	76 8949	77 0435	,4	145 9537	146 2067	146 4601	146 7138	146 9679
,5	77 2003	77 3533	77 5056	77 6601	77 8138	,5	147 2229	147 4771	147 7323	147 9878	148 2437
,6	77 9678	78 1220	78 2764	78 4311	78 5860	,6	148 5000	148 7566	149 0136	149 2709	149 5286
,7	78 7411	78 8965	79 0521	79 2080	79 3640	,7	149 7867	150 0451	150 3039	150 5631	150 8226
,8	79 5204	79 6769	79 8337	79 9907	80 1480	,8	151 0825	151 3428	151 6034	151 8644	152 1258
,9	80 3055	80 4632	80 6212	80 7794	80 9379	,9	152 2875	152 8496	152 9121	153 1749	153 4382
34,0	81 0966	,081 2555	,081 4147	,081 5741	,081 7337	41,0	,153 7017	,153 9657	,154 2300	,154 4947	,154 7598
,1	81 8936	82 0538	82 2141	82 3747	82 5356	,1	155 0253	155 2911	155 5573	155 8239	156 0908
,2	82 6967	82 8580	83 0196	83 1814	83 3435	,2	156 3582	156 6259	156 8940	157 1624	157 4313
,3	83 5058	83 6684	83 8312	83 9942	84 1575	,3	157 7005	157 9701	158 2401	158 5104	158 7812
,4	84 3210	84 4848	84 6488	84 8131	84 9776	,4	159 0523	159 3228	159 5957	159 8679	160 1406
,5	85 1424	85 3047	85 4726	85 6381	85 8039	,5	160 4136	160 6870	160 9608	161 2350	161 5096
,6	85 9699	86 1361	86 3026	86 4693	86 6363	,6	161 7846	162 0599	162 3357	162 6118	162 8883
,7	86 8036	86 9711	87 1388	87 3068	87 4750	,7	163 1652	163 4425	163 7202	163 9982	164 2767
,8	87 6435	87 8123	87 9813	88 1505	88 3200	,8	164 5556	164 8348	165 1144	165 3945	165 6749
,9	88 4898	88 6598	88 8300	89 0005	89 1713	,9	165 9557	166 2369	166 5186	166 8006	167 0830

Tabelle 3 (Fortsetzung)

Grad	,.0	,.2	,.4	,.6	,.8	Grad	,.0	,.2	,.4	,.6	,.8
42,0	,167 3658	,167 6490	,167 9325	,168 2165	,168 5009	47,0	,252 0640	,252 4657	,252 8679	,253 2707	,253 6741
,1	169 7857	169 0709	169 3565	169 6425	169 9289	,1	254 0781	254 4826	254 8877	255 2933	255 6996
,2	170 2157	170 5029	170 7905	171 0785	171 3669	,2	256 1064	256 5137	256 9217	257 3302	257 7392
,3	171 6557	171 9449	172 2346	172 5246	172 8150	,3	258 1489	258 5591	258 9699	259 3813	259 7932
,4	173 1059	173 3971	173 6888	173 9809	174 2733	,4	260 2058	260 6189	261 0326	261 4468	261 8617
,5	174 5662	174 8595	175 1533	175 4474	175 7419	,5	262 2771	262 6931	263 1097	263 5269	263 9447
,6	176 0369	176 3322	176 6280	176 9242	177 2208	,6	264 3630	264 7820	265 2015	265 6216	266 0423
,7	177 5179	177 8153	178 1132	178 4114	178 7101	,7	266 4636	266 8855	267 3080	267 7310	268 1547
,8	179 0092	179 3088	179 6087	179 9091	180 2099	,8	269 5790	269 0038	269 4293	269 8553	270 2820
,9	180 5111	180 8127	181 1148	181 4173	181 7202	,9	270 7092	271 1371	271 5655	271 9946	272 4242
43,0	,182 0235	,182 3273	,182 6314	,182 9360	,183 2411	48,0	,272 8545	,273 2853	,273 7168	,274 1489	,274 5816
,1	183 5465	183 8524	184 1587	184 4655	184 7727	,1	274 0148	275 4487	275 8832	276 3184	276 7541
,2	185 0803	185 3883	185 6968	186 0057	186 3150	,2	277 1904	277 6274	278 0650	278 5031	278 9419
,3	186 6248	186 9350	187 2456	187 5567	187 8682	,3	279 3814	279 8214	280 2621	280 7033	281 1452
,4	188 1801	188 4925	188 8053	189 1185	189 4322	,4	281 5877	282 0309	282 4747	282 9190	283 3641
,5	189 7463	190 0609	190 3759	190 6914	191 0072	,5	283 8097	284 2560	284 7029	285 1504	285 5985
,6	191 3236	191 6403	191 9576	192 2752	192 5933	,6	286 0473	286 4968	286 9468	287 3975	287 8488
,7	192 9119	193 2309	193 5503	193 8702	194 1905	,7	288 3008	288 7534	289 2066	289 6605	290 1150
,8	194 5113	194 8325	194 1542	195 4763	195 7989	,8	290 5701	291 0259	291 4823	291 9394	292 3971
,9	196 1220	196 4454	196 7694	197 0938	197 4186	,9	292 8555	293 3145	293 7742	294 2345	294 6955
44,0	,197 7439	,198 0697	,198 3959	,198 7225	,199 0496	49,0	,295 1571	,295 6193	,296 0822	,296 5458	,297 0100
,1	199 3772	199 7053	200 0337	200 3627	200 6921	,1	297 4749	297 9404	298 4066	298 8735	299 3410
,2	201 0220	201 3523	201 6831	202 0144	202 3461	,2	299 8092	300 2780	300 5475	301 2176	301 6885
,3	202 6783	203 0109	203 3440	203 6776	204 0117	,3	302 1599	302 6321	303 1049	303 5784	304 0525
,4	204 3462	204 6811	205 0166	205 3525	205 6889	,4	304 5274	305 0029	305 4790	305 9559	306 4334
,5	206 0257	206 3631	206 7009	207 0391	207 3779	,5	306 9116	307 3905	307 8700	308 3502	308 8311
,6	207 7171	208 0568	208 3970	208 7376	209 0787	,6	309 3127	309 7950	310 2779	310 7616	311 2459
,7	209 4203	209 7624	210 1049	210 4479	210 7914	,7	311 7309	312 2166	312 7030	313 1900	313 6778
,8	211 1354	211 4799	211 8248	212 1703	212 5162	,8	314 1662	314 6554	315 1452	315 6357	316 1270
,9	212 8628	213 2095	213 5568	213 9047	214 2530	,9	316 6189	317 1115	317 6048	318 0988	318 5935
45,0	,214 6018	,214 9511	,215 3009	,215 6512	,216 0020	50,0	,319 0890	,319 5851	,320 0819	,320 5794	,321 0777
,1	216 3533	216 7050	217 0573	217 4100	217 7633	,1	321 5766	322 0763	322 5766	323 0777	323 5995
,2	218 1170	218 4712	218 8259	219 1811	219 5368	,2	324 0820	324 5852	325 0891	325 5938	326 0991
,3	219 8930	220 2497	220 6069	220 9646	221 3228	,3	326 6052	327 1120	327 6195	328 1278	328 6367
,4	221 6815	222 0407	222 4005	222 7607	223 1214	,4	329 1464	329 6578	330 1680	330 6798	331 1924
,5	223 4826	223 8443	224 2065	224 5693	224 9325	,5	331 7057	332 2198	332 7346	333 2501	333 7663
,6	225 2962	225 6605	226 0253	226 3905	226 7563	,6	334 2833	334 8010	335 3195	335 8387	336 3586
,7	227 1226	227 4894	227 8567	228 2246	228 5929	,7	336 8793	337 4007	337 9229	338 4458	338 9695
,8	228 9618	229 3311	229 7010	230 0714	230 4424	,8	339 4939	340 0190	340 5449	341 0716	341 5990
,9	230 8138	231 1858	231 5583	231 9313	232 3048	,9	342 1271	342 6560	343 1857	343 7161	344 2473
46,0	,232 6786	,233 0534	,233 4285	,233 8041	,234 1803	51,0	,344 7792	,345 3119	,345 8454	,346 3796	,346 9146
,1	234 5570	234 9342	235 3119	235 6901	236 0689	,1	347 4503	347 9869	348 5241	349 0622	349 6010
,2	236 4482	236 8281	237 2085	237 5894	237 9708	,2	350 1406	350 6809	351 2221	351 7640	352 3067
,3	238 3528	238 7353	239 1183	239 5019	239 8860	,3	352 8501	353 3944	353 9394	354 4852	355 0318
,4	240 2707	240 6559	241 0416	241 4279	241 8147	,4	355 5791	356 1273	356 6762	357 2259	357 7764
,5	242 2020	242 5899	242 9784	243 3673	243 7569	,5	358 3277	358 8798	359 4327	359 9864	360 5408
,6	244 1469	244 5375	245 9287	245 3204	245 7127	,6	361 0961	361 6522	362 2090	362 7667	363 3251
,7	246 1055	246 4988	246 8927	247 2872	247 6822	,7	363 8844	364 4445	365 0053	365 5670	366 1295
,8	248 0778	248 4739	248 8705	249 2687	249 6655	,8	366 6928	367 2569	367 8218	368 3875	368 9540
,9	250 0639	250 4628	250 8622	251 2623	251 6628	,9	369 5214	370 0896	370 6585	371 2284	371 7990

Sachverzeichnis

"

Werkstattbücher

Kurzgefaßte Einzeldarstellungen über
Grundlagen, wissenschaftliche Erkenntnisse, praktische Erfahrungen
aus den Gebieten

Fertigungsverfahren; Werkzeugmaschinen, ihre Antriebe und Steuerungen;
Werkzeuge; Werkstoffe; Messen und Prüfen; Betriebsorganisation

Verzeichnis der zur Zeit lieferbaren oder in Kürze erscheinenden Hefte, nach Fachgebieten geordnet

Preis jedes Heftes DM 4,50 (der mit * bezeichneten DM 6,–, der mit ** bezeichneten DM 7,50)
Bei gleichzeitigem Bezug von 10 beliebigen Heften ermäßigt sich der Heftpreis um 20%)

X. Antriebe, Getriebe

XI. Prüfen, Messen, Anreißen, Rechnen

XII. Betriebsfragen, Organisation